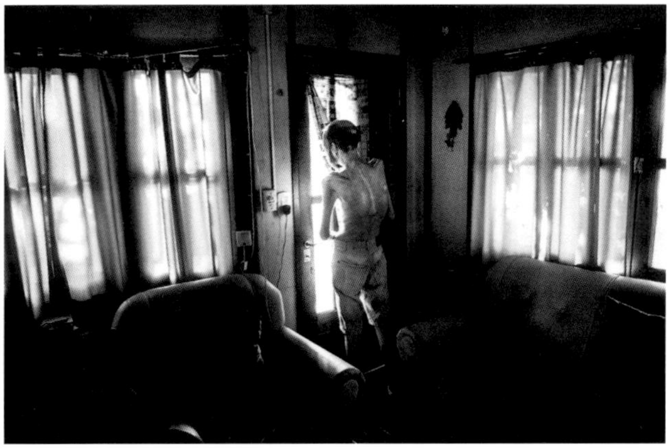

Hermano mío… nunca te olvides de mí.
My brother… never forget me.

Fabián Tomasi

EL COSTO HUMANO DE LOS AGROTÓXICOS

THE HUMAN COST OF AGROTOXINS

KEHRER

Pablo E. Piovano

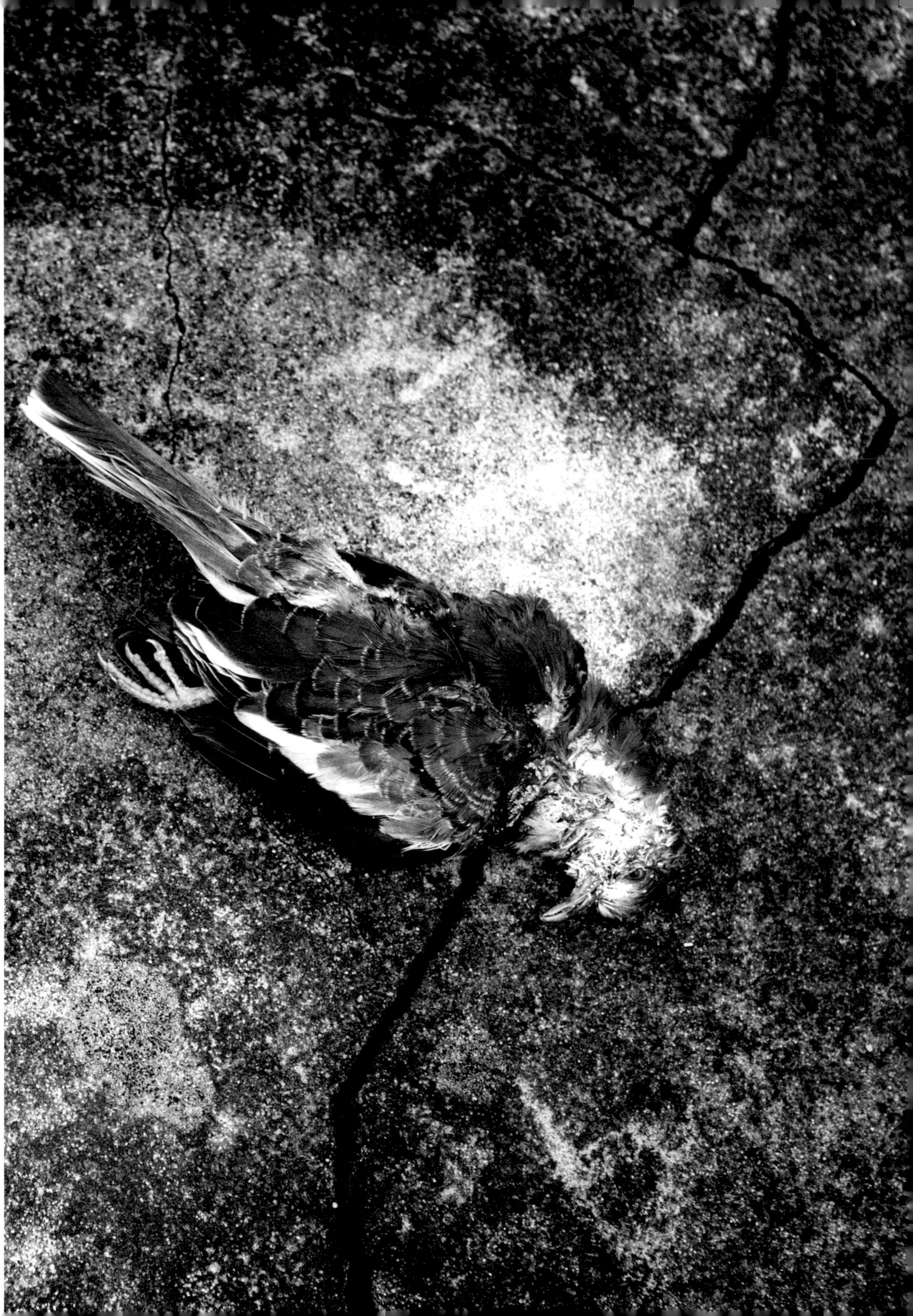

VER UN EXTERMINIO
WATCHING EXTERMINATION

Guillermo Saccomanno

Hace días que intento escribir sobre estas fotos. Vuelvo a mirarlas una y otra vez. Las miro y pienso en Hiroshima. Las miro y pienso en Vietnam, allí donde los hombres estrenaron el napalm desfoliador. Tal vez pueda ya no importar quienes ahí nomás, en un escenario de dolor, se jugaron al captar esas imágenes a sus contemporáneos y a las generaciones venideras. Pareciera estar probado: la humanidad no aprendió demasiado de las escenas de horror. Las fotos de Pablo E. Piovano nos enfrentan ahora a otro horror, uno más cercano. Y también nos enfrentan a nosotros mismos. No hay inocencia que valga después de verlas. Doy vueltas en torno a sus fotos. No, no encuentro las palabras justas para expresar los sentimientos que me provocan sus fotos del exterminio causado por los agrotóxicos. Durante tres años Piovano exploró el centro, litoral y norte de Argentina. En total, cerca de 15.000 kilómetros. El resultado es espeluznante. Causa rabia y desolación, un vacío depredador, el de la absoluta desesperanza.

No obstante, me resisto al desaliento. Estas fotos me exigen sentir distinto. Entonces pienso que ésta es una de las tensiones que genera una auténtica obra de arte y me pregunto si las fotos de Pablo E. Piovano son arte o son denuncia. Como arte, de hecho se exponen en museos, galerías, integran catálogos, y desde el ámbito de las exposiciones trascienden la frivolidad. Porque, como denuncia, sus imágenes inspiran su recomendación de boca en boca. Por qué no pensar entonces que pertenecen a una misma clase de expresión creadora, la de un arte poco frecuente en estos tiempos de banalidad y espectáculo, un arte que nace de una necesidad de justicia, un arte que cumple esa función crítica que no ejercen los medios y, mucho menos, los políticos. Los

For days I intended to write about these photos. I look at them again and again. I look at them and think about Hiroshima. I look at them and think about Vietnam, where the defoliant napalm was first used by men. Perhaps it may no longer matter who, in scenes of suffering, risked themselves in capturing those images for their contemporaries and future generations. It seems to be accepted that mankind did not learn too much from these horrors. The photos of Pablo E. Piovano not only show us another horror, one much closer now; they also confront us. There is no innocence left after looking at them. I look at the photos and continue thinking about them. No, I cannot find the right words to express my feelings before the photos of extermination caused by agrochemicals. During three years Piovano explored the north, the center and the shores of Argentina, altogether about 15,000 kilometers. The result is scary, causing rage and desolation, a predatory emptiness, absolute hopelessness.

However, I resist discouragement. These photos force me to feel differently. I think these are the sensations arising from an authentic work of art, and I wonder if Pablo E. Piovano's photos are art in themselves, or denunciation. As art they are exhibited in museums and galleries, and presented in catalogs. Still, from the realm of exhibition they transcend frivolity; as denunciation their images inspire recommendation through word of mouth. Why not think then that they belong to the same kind of creative expression, of an art uncommon in these times of banality and spectacle; an art born from a need for justice; an art that fulfills the critical function that the media avoids, much less the politicians? The ravages of agrochemical use refer, in fact, to extermination. The

estragos que produce el uso de agrotóxicos refieren, en efecto, un exterminio. El exterminio pormenorizado, en su intimidad se despliega, confidencial, en los retratos de los dañados que enfoca la cámara de Piovano con un respeto absoluto a la vez que una sinceridad conmovedora. Es que el tono elegido por Piovano, solidario con los seres afectados por la matanza, es un tono bajo, de sigilo, de entrar con la cámara como pidiendo permiso para no invadir el dolor de las víctimas. Intimidad, digo, porque la labor de Piovano no va por el lado del escándalo ni del golpe bajo.

Mientras observaba una y otra vez las fotos de Piovano me acordé de Don Mc Cullin, el fotógrafo británico de guerra. Mc Cullin contaba que en las situaciones de espanto más terribles hombres y mujeres, desesperados, como los personajes de Goya, miran el cielo invocando un socorro. En las fotos de Piovano nadie mira el cielo. Es que el cielo no les promete salvación. Del cielo proviene la muerte en los aviones fumigadores. Las fotos de Piovano tienen un aire goyesco. La deformidad de los seres reales remite a los sueños de la razón que, según Goya, engendran monstruos. La razón capitalista que persigue lucrar con la naturaleza, en efecto, ha creado esa chica deforme que gatea, o esos chicos con hidrocefalia y retraso mental.

Hay además otra consternación que disparan estas fotos. Lo que nos ponen frente a los ojos no es el resultado de un error, una consecuencia no prevista. No, este genocidio responde —como el uso de los desfoliadores en Vietnam— a una planificación. Lo que debe sorprendernos es que no fueron monstruos quienes urdieron el exterminio. Fueron hombres, de carne y hueso, padres de familia. Y los datos reunidos por universitarios y pro-

detailed extermination unfolds with an intimacy, in the portraits of those damaged, through the camera Piovano focuses with absolute respect and moving sincerity. The tone he chooses, in solidarity with those affected by the massacre, is low and stealthy, entering through the camera; asking permission not to invade the victims' pain. I say "intimacy" because the work of Piovano does not go hand in hand with scandal or with low blows.

As I look again and again at the photographs of Piovano I am reminded of Don McCullin, the British war photographer, who said that in the most horrifying situations men and women, desperate like the characters of Goya, look at the sky, imploring rescue. In Piovano's photos nobody looks at the sky. It is because heaven does not promise them salvation. From the sky comes death on the fumigator airplanes. Piovano's photos have a Goyesque air. The deformity of the real beings refers to the "sleep of reason", which according to Goya, engenders monsters. The capitalist reason, seeking profit from nature has, in fact, created that deformed girl crawling, and those children with hydrocephalus and mental retardation.

There is also consternation in these photos. They do not show the result of an error or unintended consequence. This genocide responds—like the use of defoliants in Vietnam—to a planning. What should surprise us is that those who conspired in the extermination were not monsters. They were men of flesh and blood; parents. And the data gathered by researchers and academics of worthy science are incontestable. More than 13,000,000 victims confirm the validity of the denouncement. This figure represents the inhabitants of the 60% of the arable land of the country, where GMOs (genetically

fesionales de la ciencia digna, son incontestables. Más de 13.000.000 de víctimas confirman la validez de la denuncia. Esta cifra corresponde a los habitantes del 60% del territorio cultivable del país donde se utilizan OGM (organismos genéticamente modificados). Solamente la soja ocupa casi dos tercios de la superficie cultivable extensiva. Pero los agrotóxicos se emplean también para maíz, algodón y papa entre otras semillas genéticamente modificadas, que precisan estos venenos para su desarrollo. Según Greenpeace se habla del empleo de 300.000.000 de litros anuales. Se trata de un negocio que creció casi un 1000% en 20 años y mueve hoy más de 3.000.000.000 de dólares anuales. Están comprometidas entre 25 y 30 corporaciones nacionales e internacionales. Y acá una conclusión: lo menos que debería empujar la visión de estas fotos es hacia una política de estado que se haga cargo de las consecuencias del uso de agrotóxicos y castigue a los responsables de tamaño genocidio. Una pregunta que no es chicana: ¿qué le importan estas víctimas a quienes cotizan la soja en Wall Street? Sin embargo, las víctimas contribuyen desde su calvario a la cotización. Y aquí la desesperanza a la que aludía al comienzo de estas reflexiones. ¿Acaso el capitalismo se puede punir a sí mismo? ¿Acaso el capitalismo puede ser humano?

No debe sorprender —aunque era, es previsible— que la mayoría de los medios suelan bloquear la difusión de estas imágenes. No debe asombrar tampoco que los políticos, comprometidos en enjuagues con las empresas responsables de este crimen masivo, miren hacia otro lado. Demasiados intereses en juego. Y, como siempre, los enfermos de cáncer, los embarazos contaminados, las malformaciones, las familias sitiadas y aquellas que

modified organisms) are used. Soybean alone represents almost two-thirds of the extensive cultivable area. But agrochemicals are also used on corn, cotton and tobacco, among other genetically modified seeds, which require these poisons for their development. According to Greenpeace about 300,000,000 liters are used per year. It is a business that grew almost 1000% in 20 years and today moves more than 3,000,000,000 dollars annually. Between 25 and 30 national and international corporations are engaged. And here, a conclusion: the vision of these photos should at least lead towards implementing a state policy of addressing the consequences of agrochemical use and punishing those responsible for such a genocide. I pose a non-provocative question *(chicana)*: do those traders who quote soybean prices on Wall Street care about the victims? Because the victims contribute their suffering to the quote. Here is the hopelessness I referred to at the beginning of these reflections—is it possible that capitalism can punish itself? Is it possible that capitalism is humane?

We should not be surprised, as predictable as it is, that most media usually block the spread of these images. Nor should we be astonished if the politicians, in engagements with the companies responsible for this mass crime, look away; too many interests are involved. And, as always, cancer patients, contaminated pregnancies, malformations, besieged families and those who struggle in vain to flee, having been already hit by evil—each and every one of the violated beings, I say, are not recorded in the official records. There are none. And it is not by chance.

Despite the silence that powers impose, the cry of alarm has begun to spread through social networks.

pugnan por huir sin lograrlo porque ya han sido alcanzadas por el mal, todos y cada uno de los seres vulnerados, digo, no integran registros oficiales. No los hay. Y tampoco es casual.

Pero, a pesar del silencio que impone el poder, el grito de alarma ha comenzado a expandirse a través de las redes sociales. La mecha y también el explosivo es el excelente trabajo de Piovano, un trabajo, cabe consignarlo, hecho en soledad y a pulmón. Sin duda, hay un riguroso cuidado estético en sus fotos. La elaboración de cada imagen, aunque capturada in situ, apuntando a la espontaneidad, ese instante en que la revelación puede fugarse, tiene la fuerza del arte cuando se pone del lado de las víctimas, que suelen ser siempre los marginados, los que nos hacen sentir vergüenza y culpa a quienes cuando los vemos retratados en sus dramas pensamos en cuestiones como la función del arte. Sin embargo, hay una resistencia que puede formularse. Si nos ponemos del lado de las víctimas, empecemos a sumarnos a los miles que ya están difundiendo esta obra, reafirmándola en lo que es: un secreto a voces. El grito de alarma se propaga. No es un gran gesto, pueden decirme. Pero es bastante más de lo que pueden imaginarse.

The fuse and explosive are both in the excellent work of Piovano, done, it should be noted, in solitude and with full force. There is undoubtedly a rigorous aesthetic in his photos. The elaboration of each image, although captured in situ at the instant in which revelation can escape, aiming for spontaneity, has the force of art when on the side of the victims—the marginalized people, those who make us feel shame and guilt, whose portrayed dramas make us think of the function of art. Through this, a resistance can be defined. If we are on the side of the victims, let us join the thousands who are already spreading this work, reaffirming it for what it is: an open secret. The cry of alarm spreads. It is not an important action, you might say, but it is more important than you can imagine.

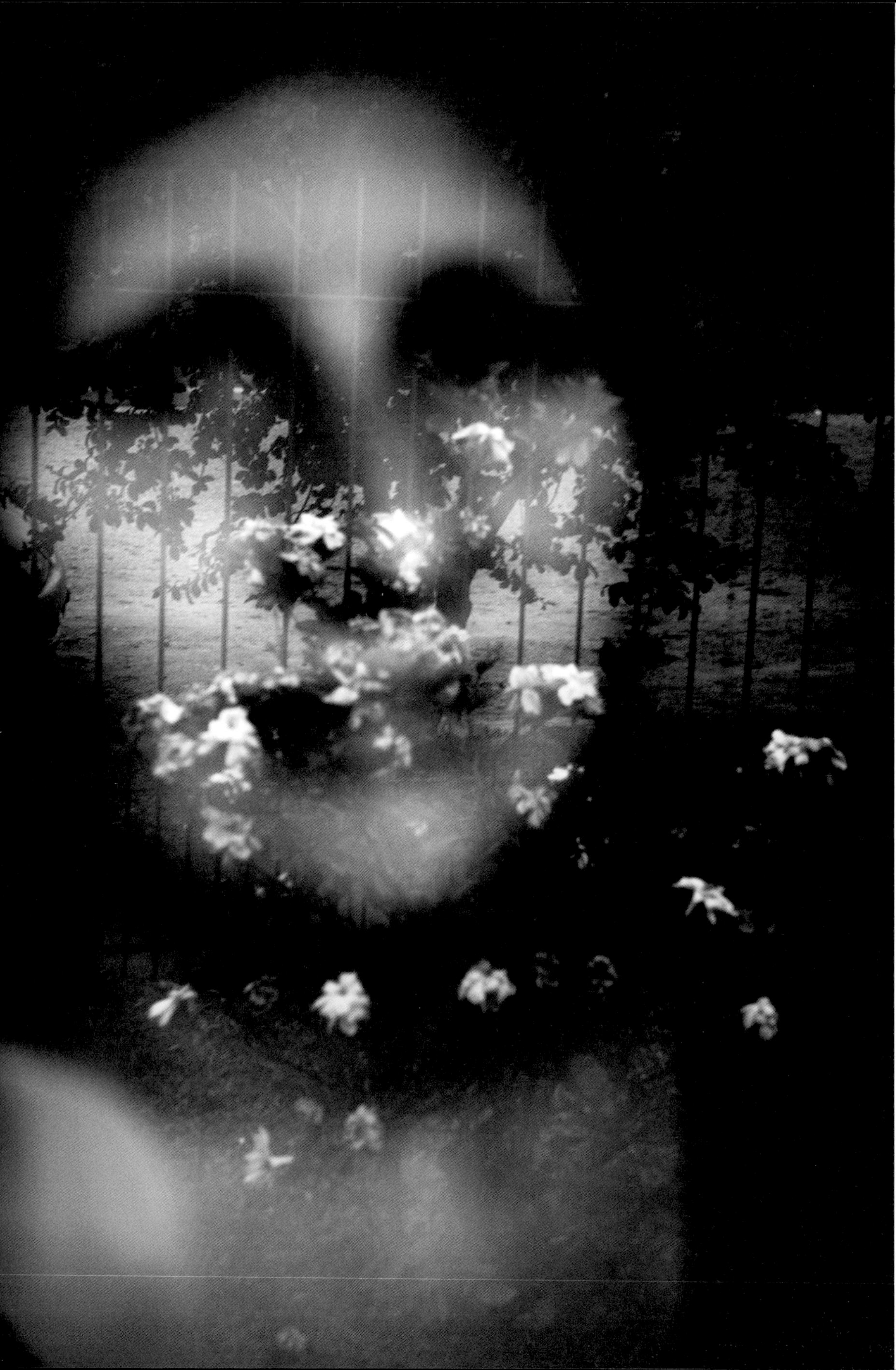

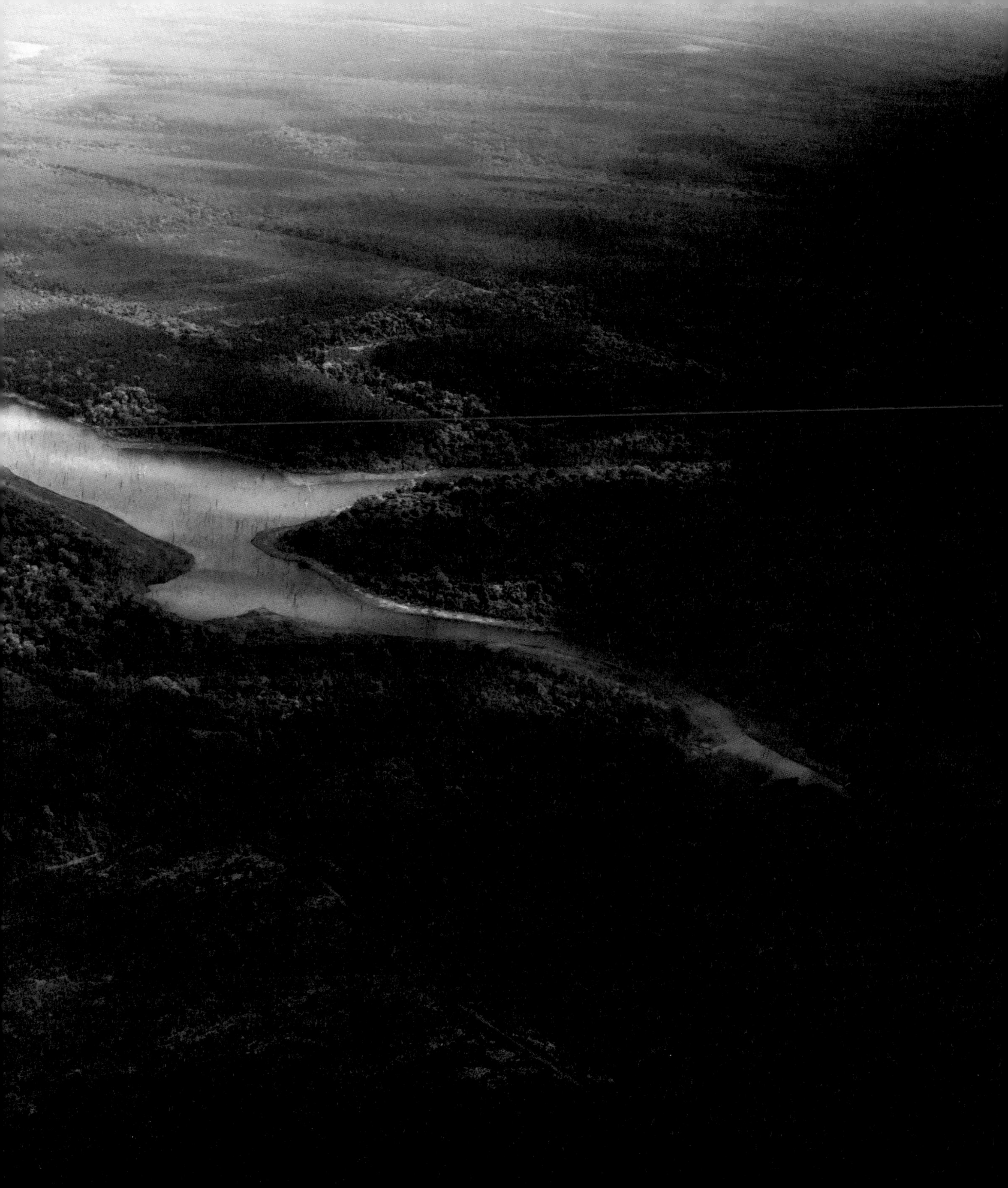

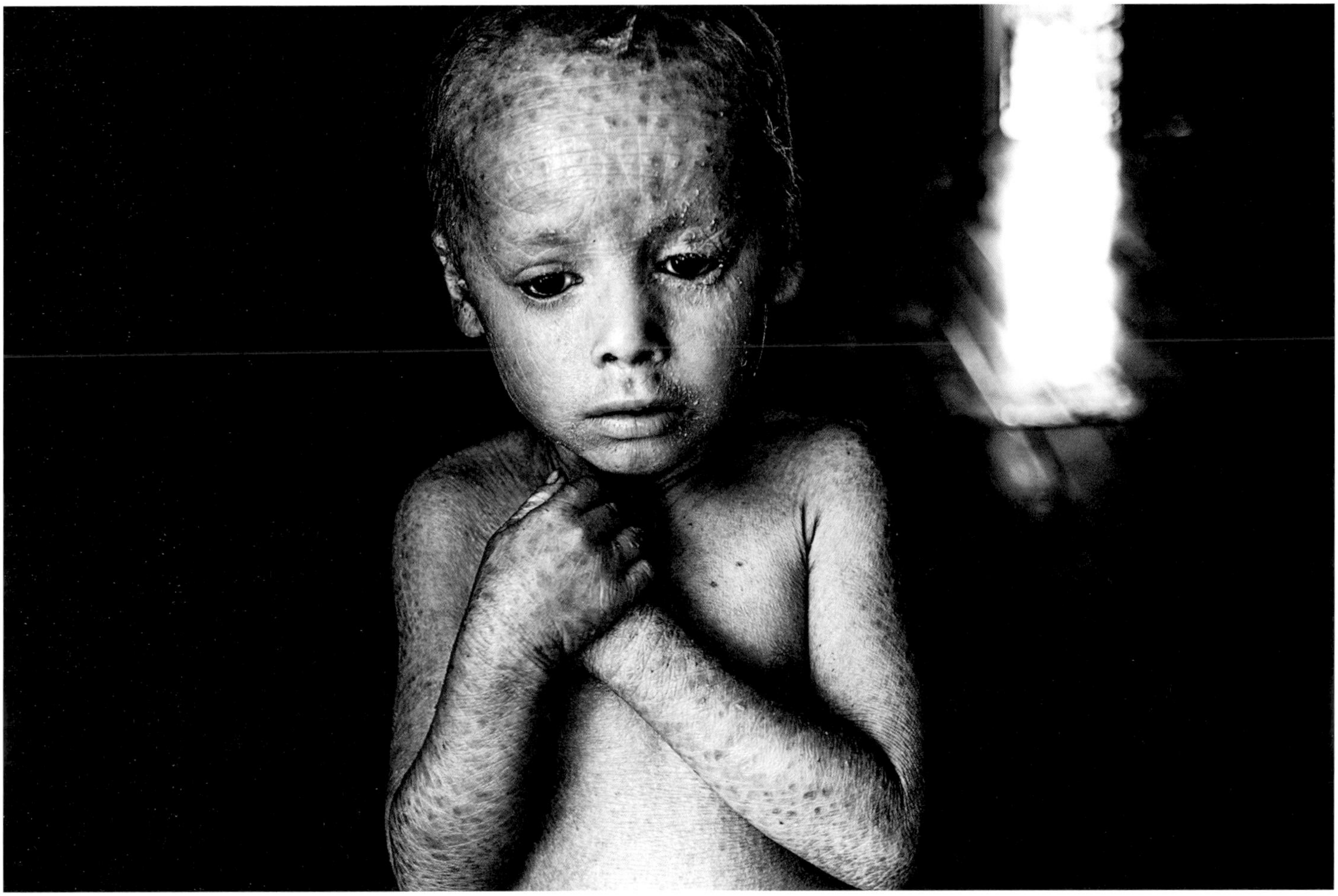

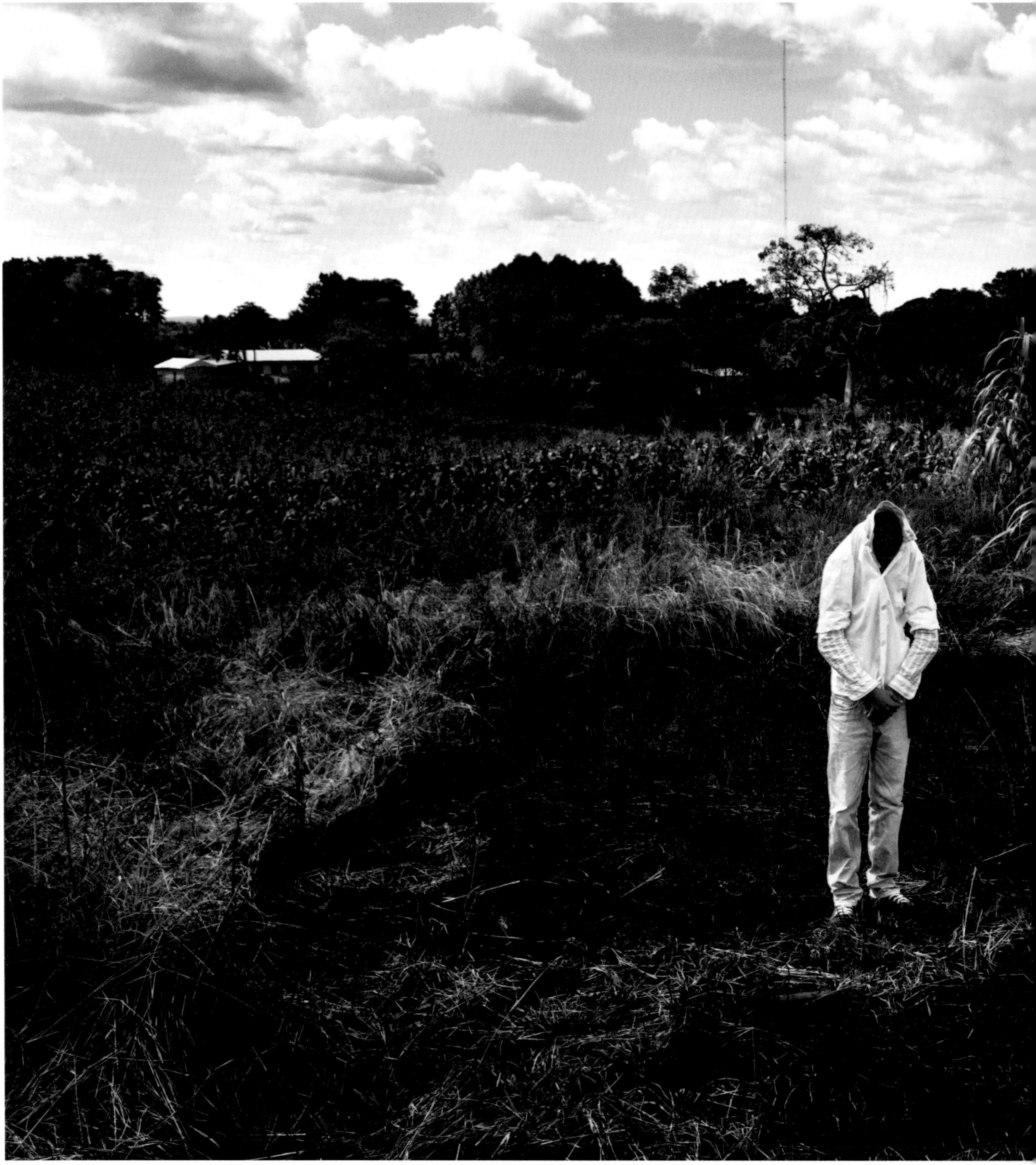

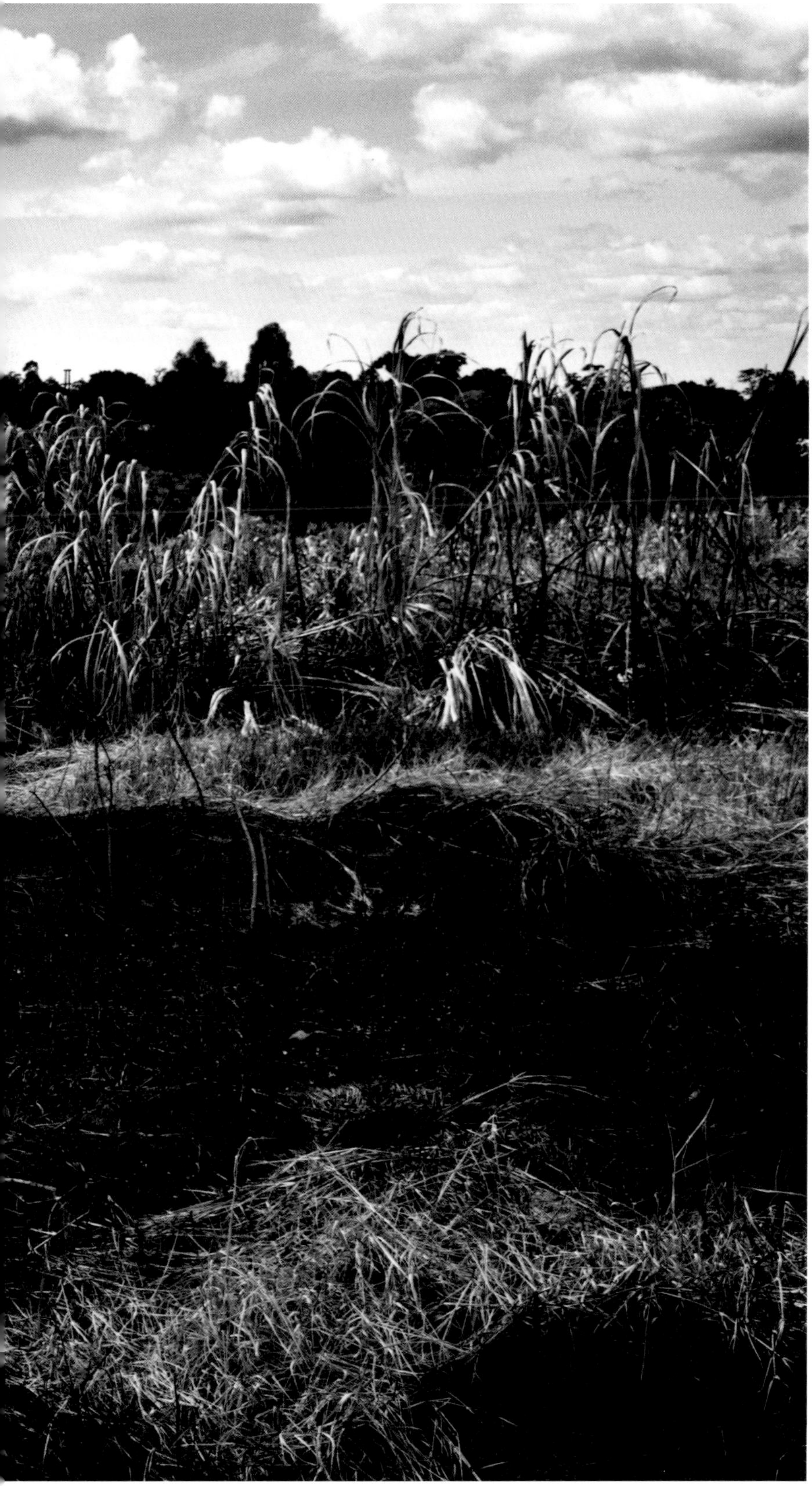

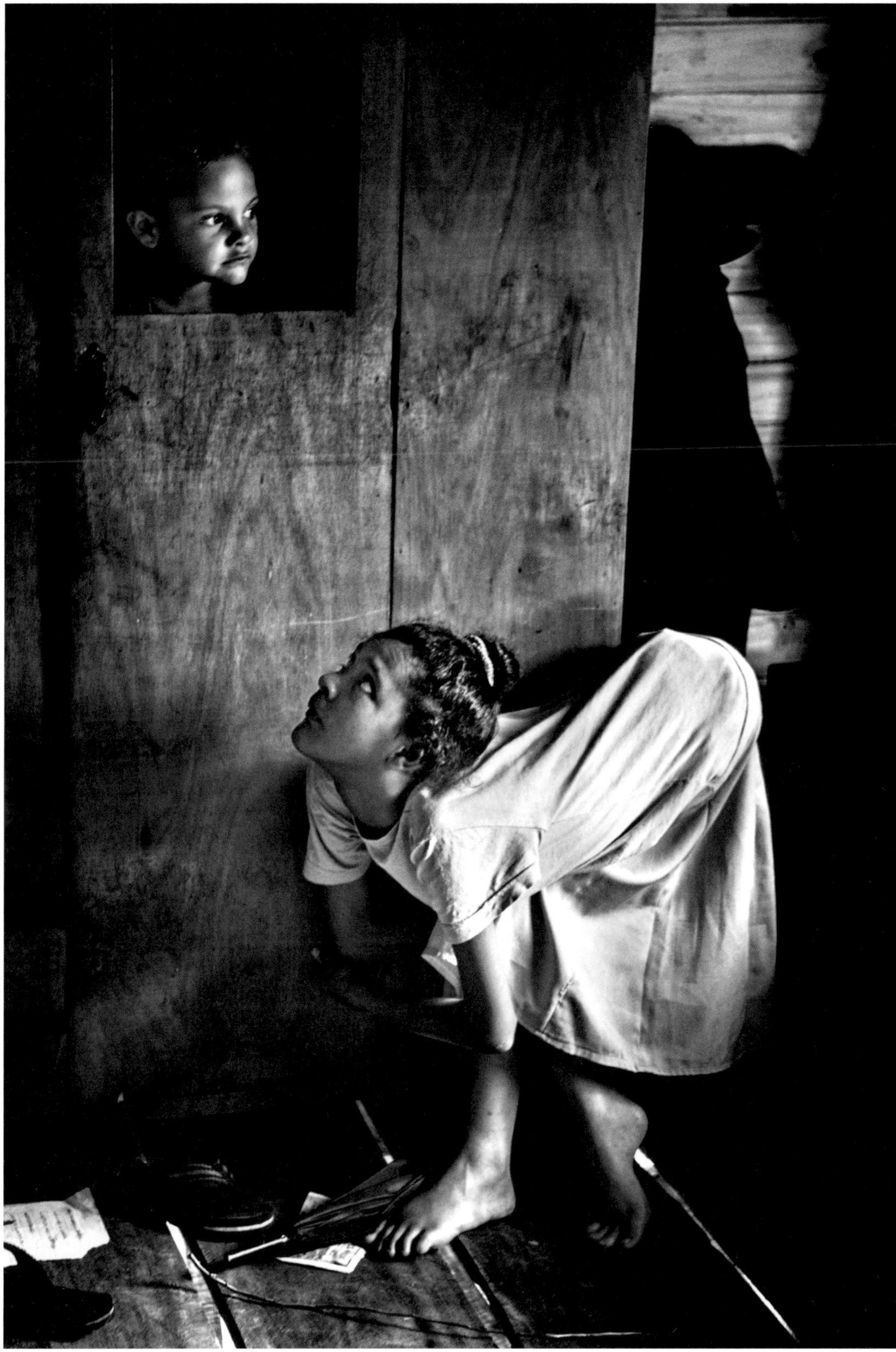

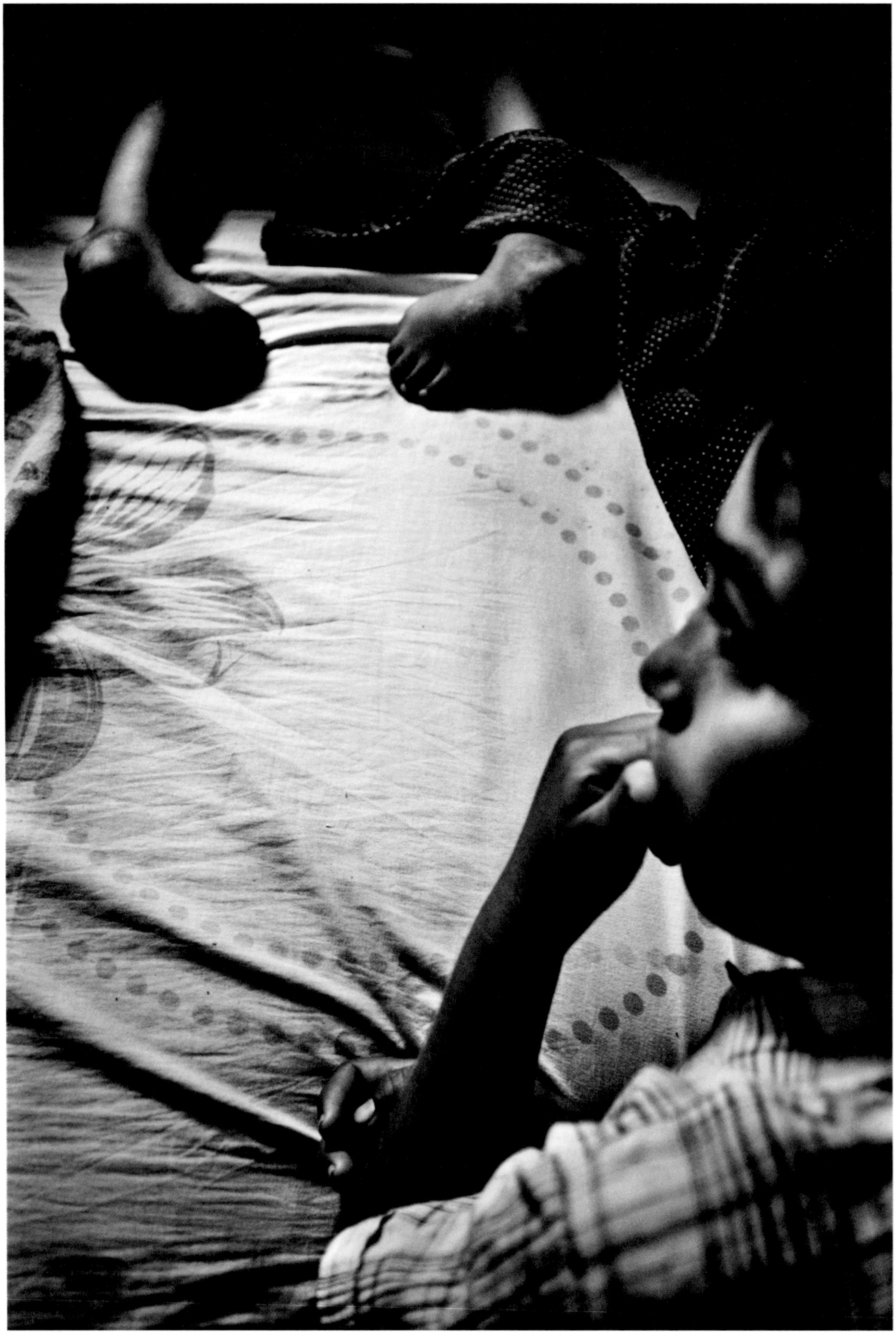

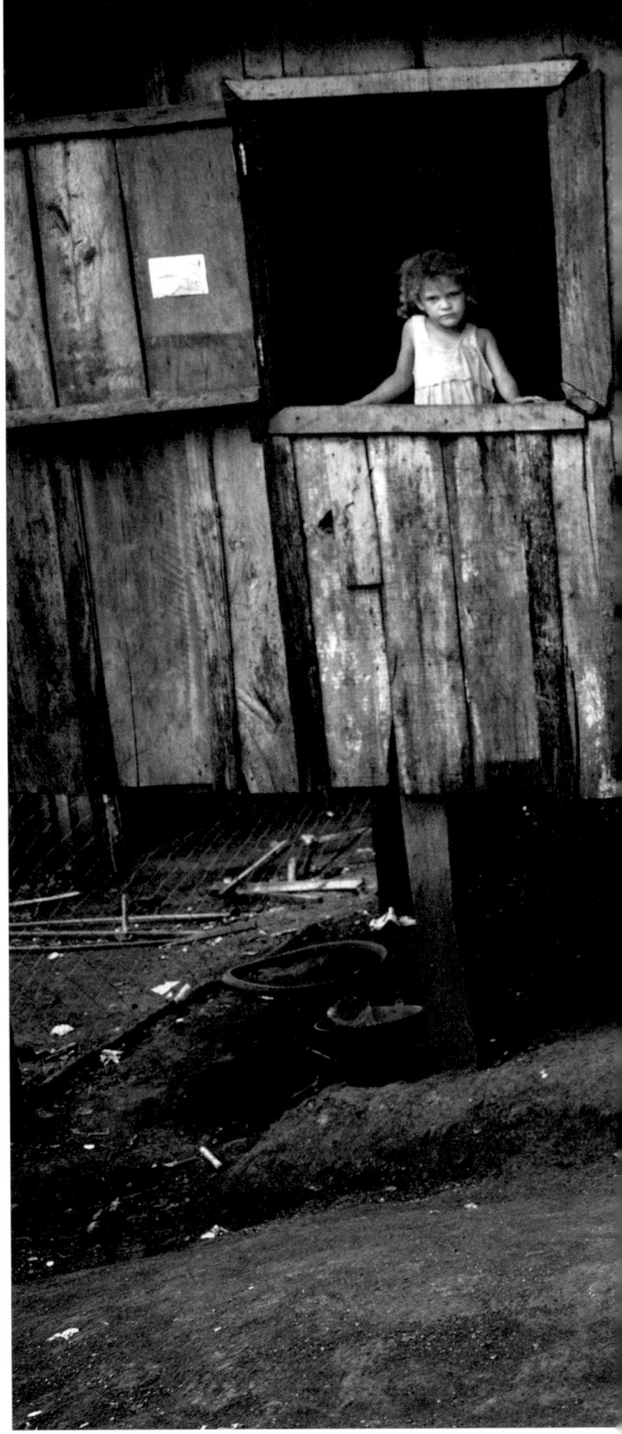

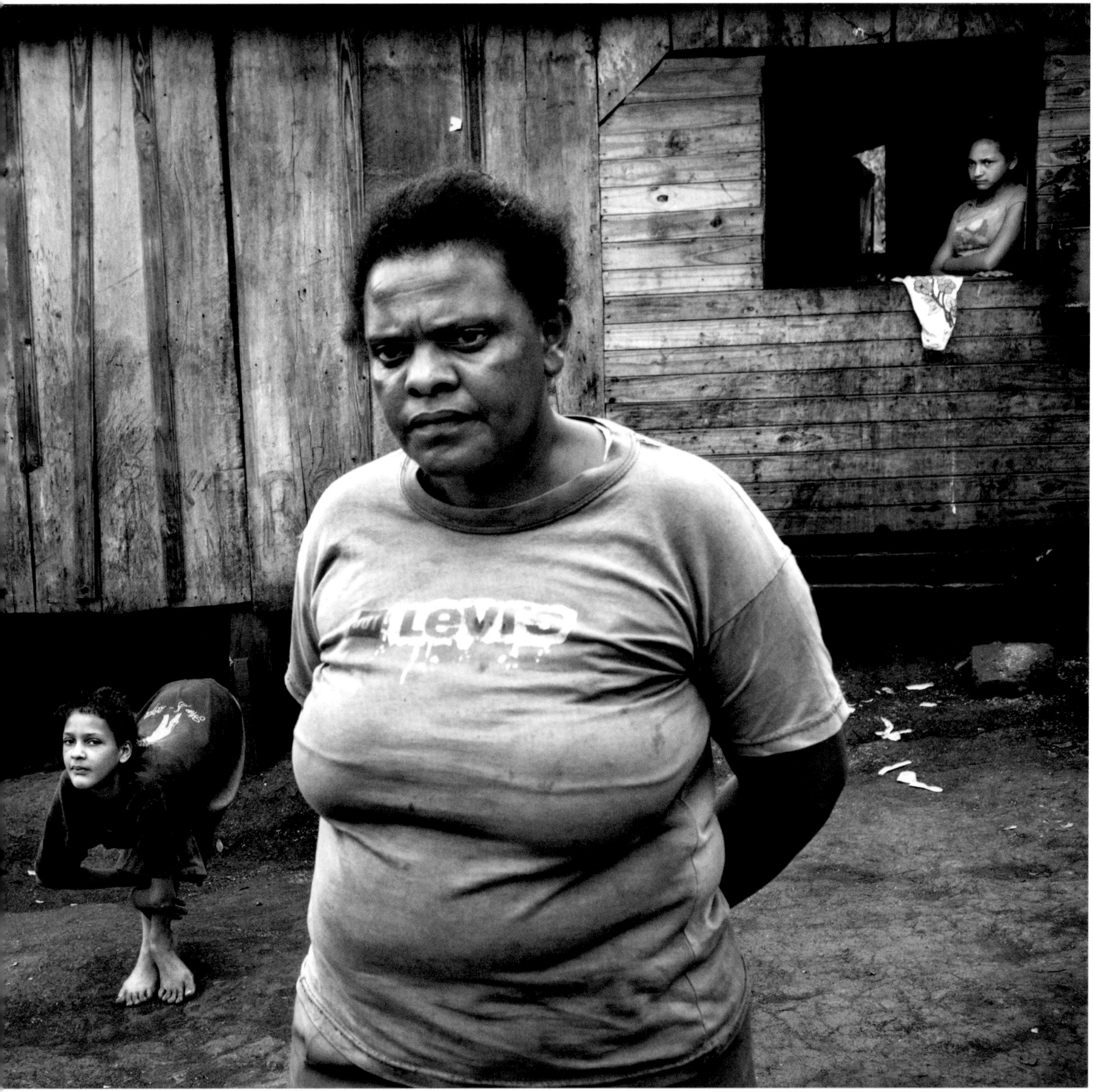
Levi's

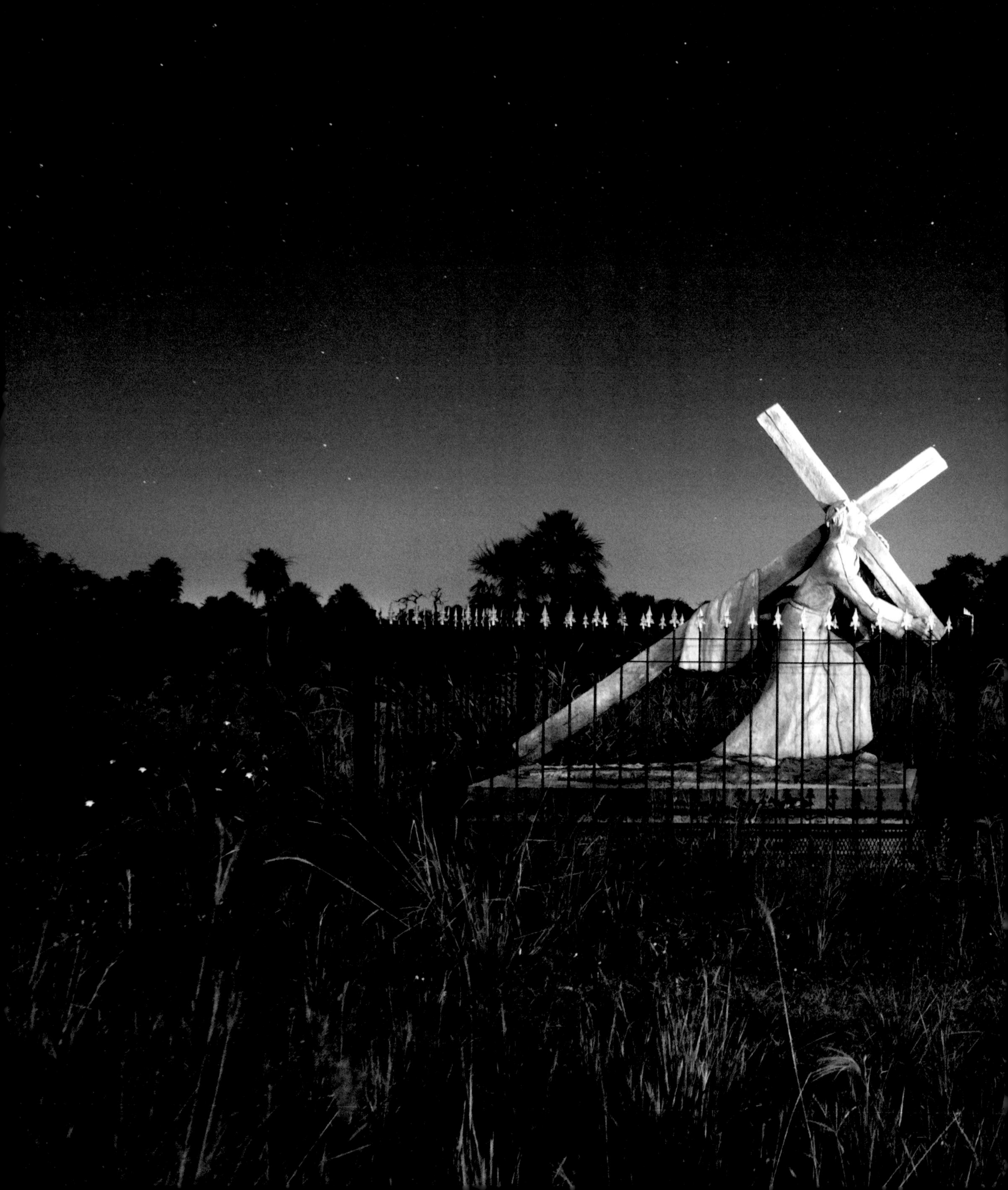

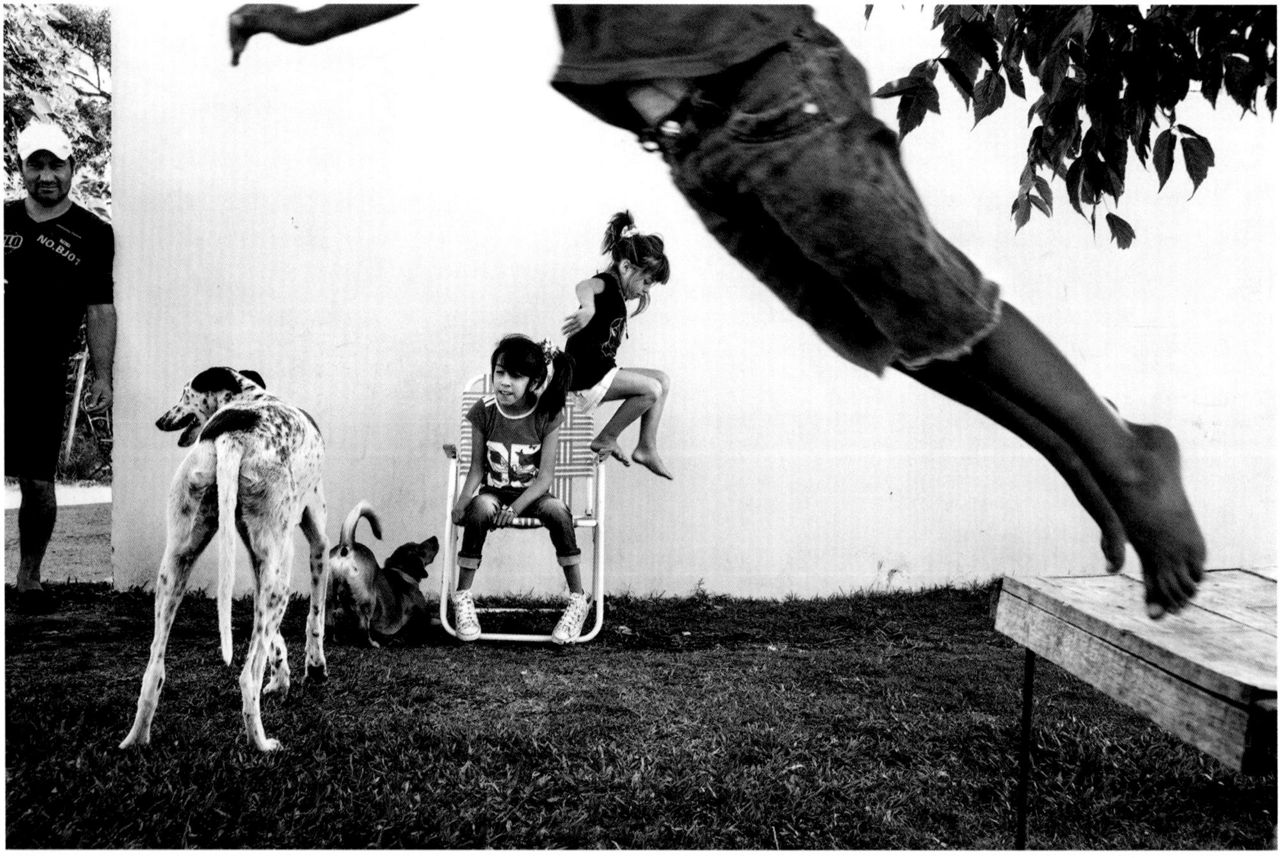
NO.BJ07

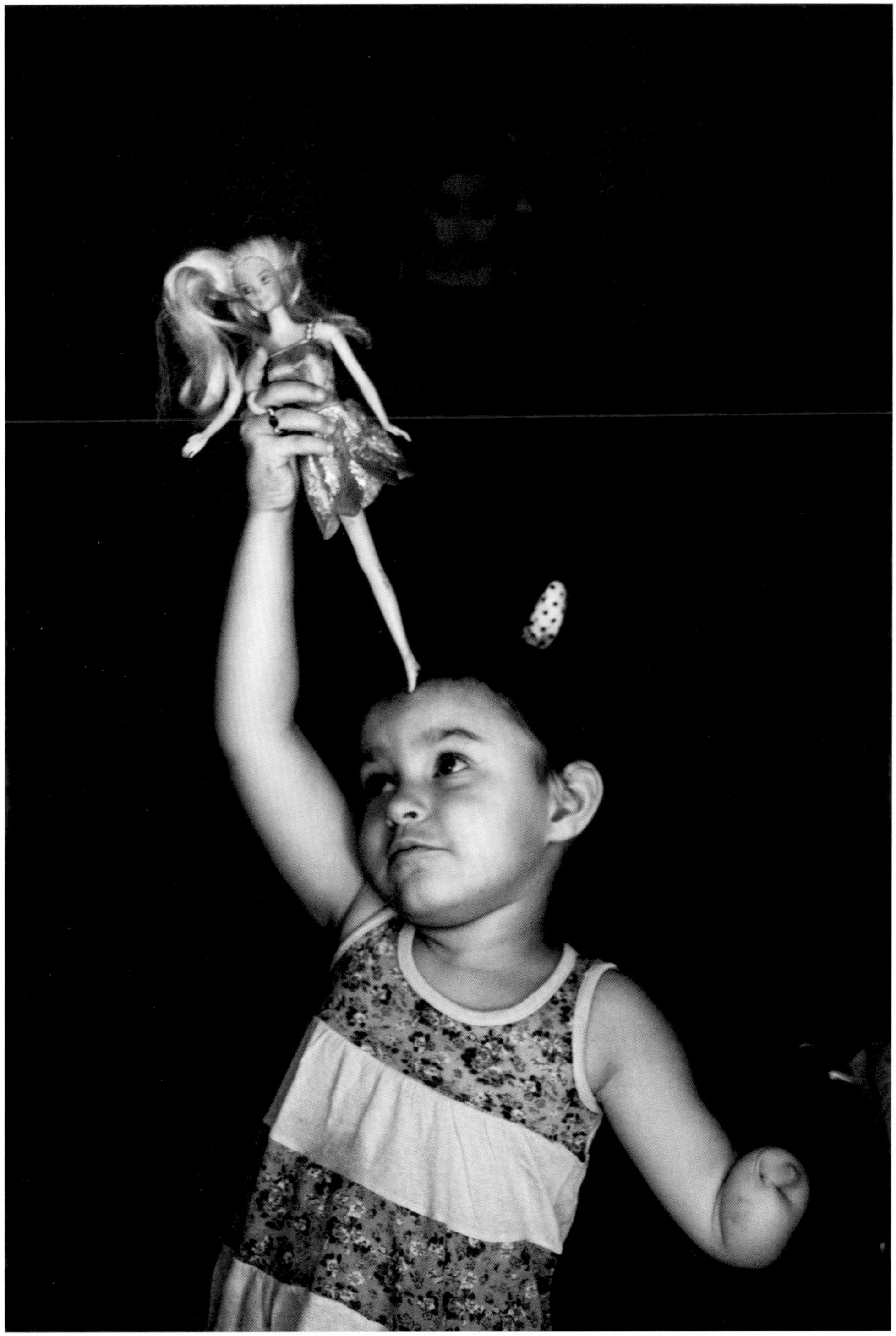

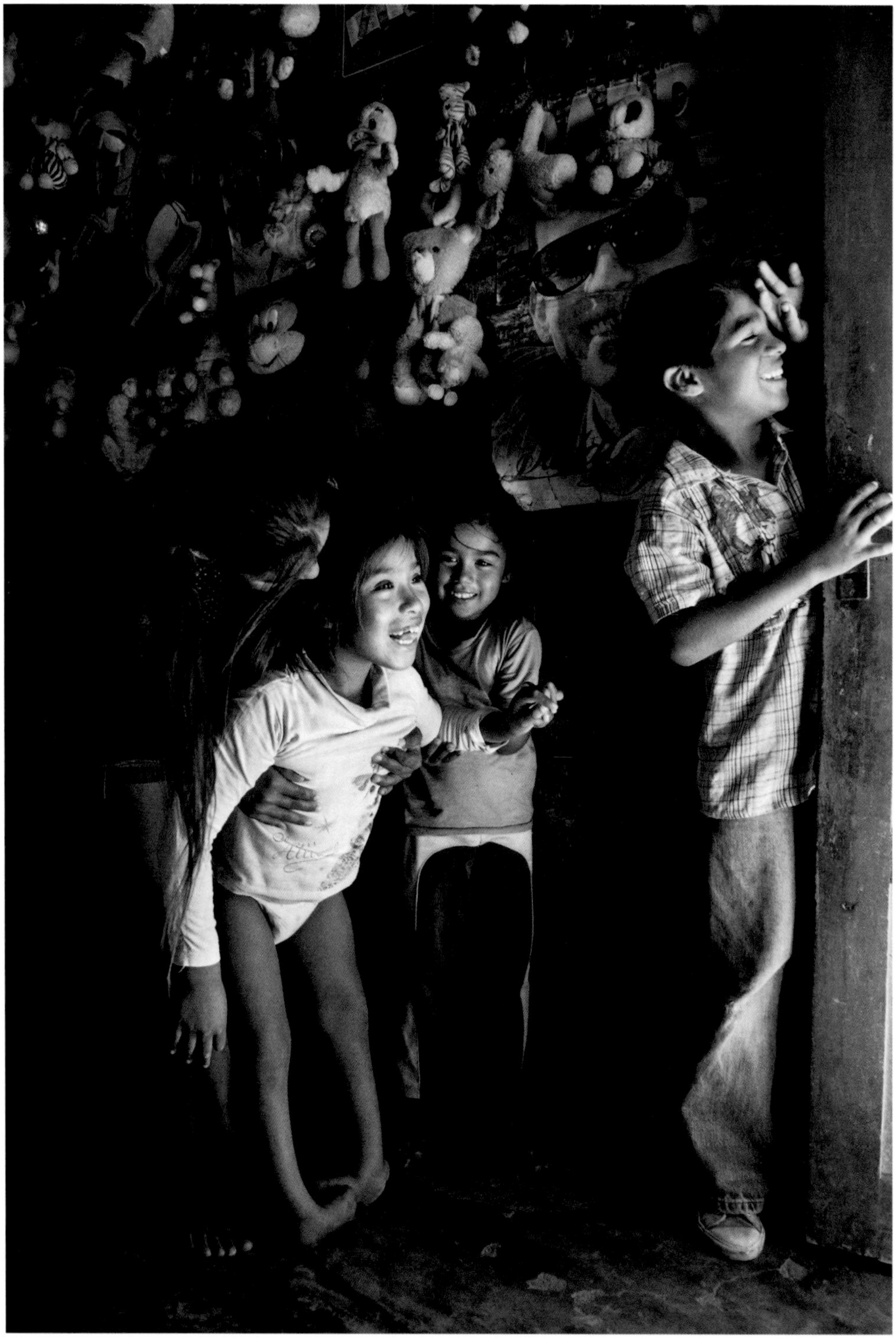

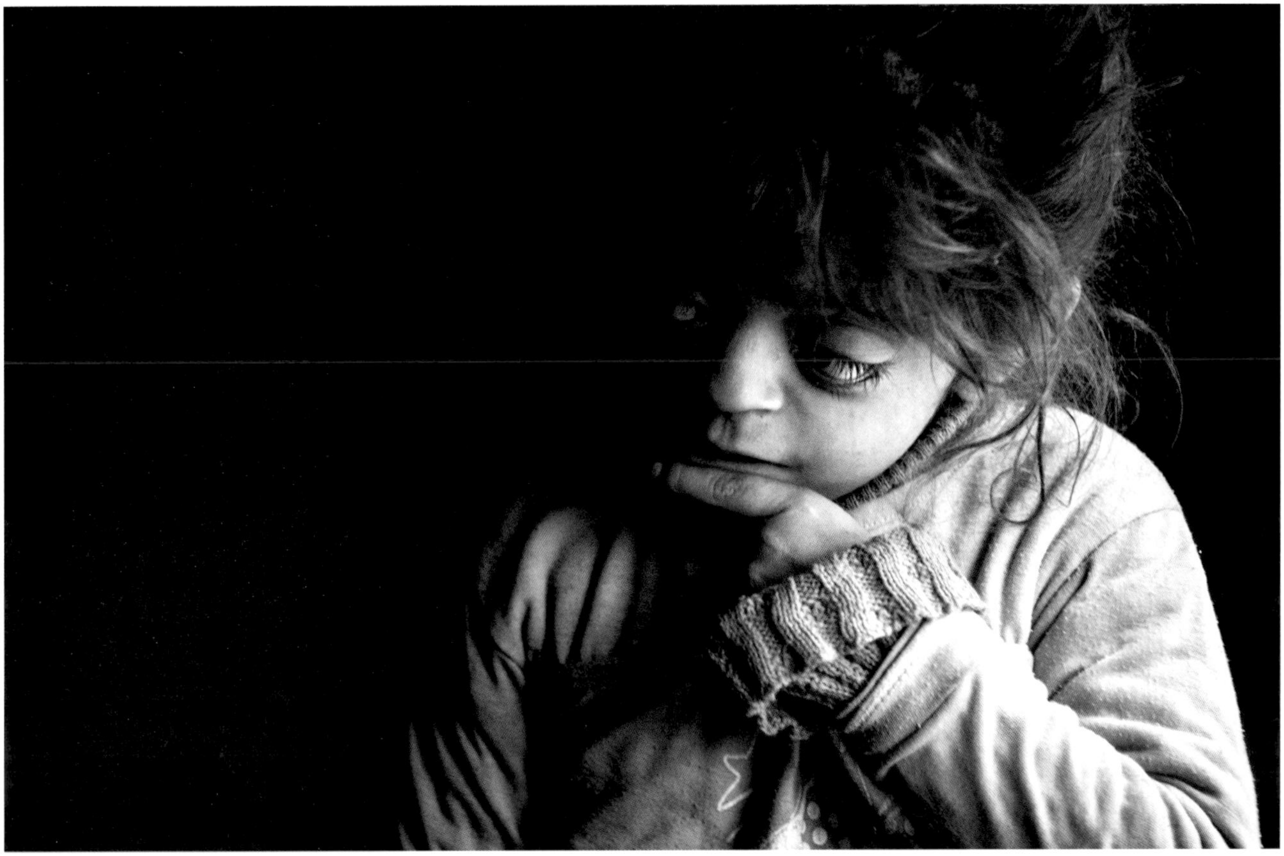

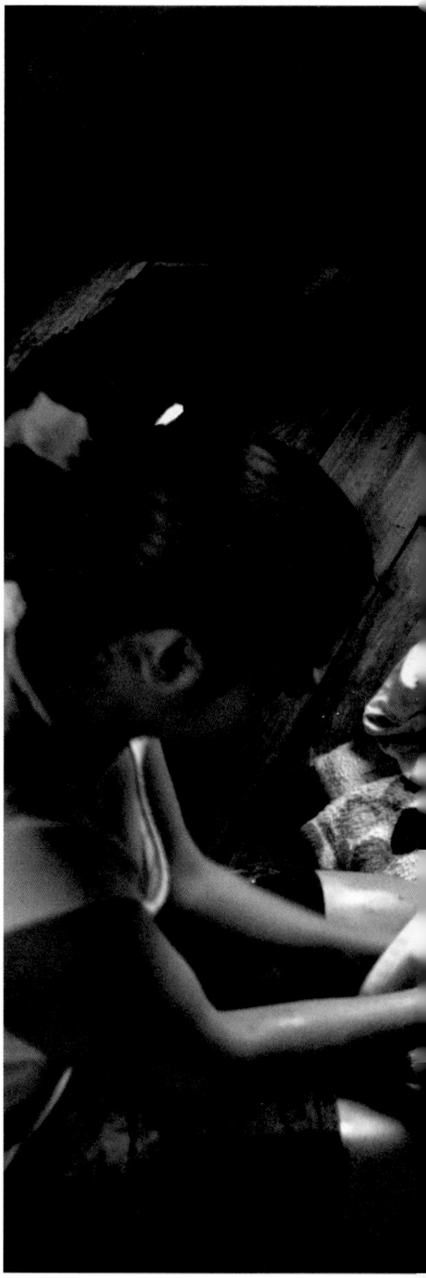

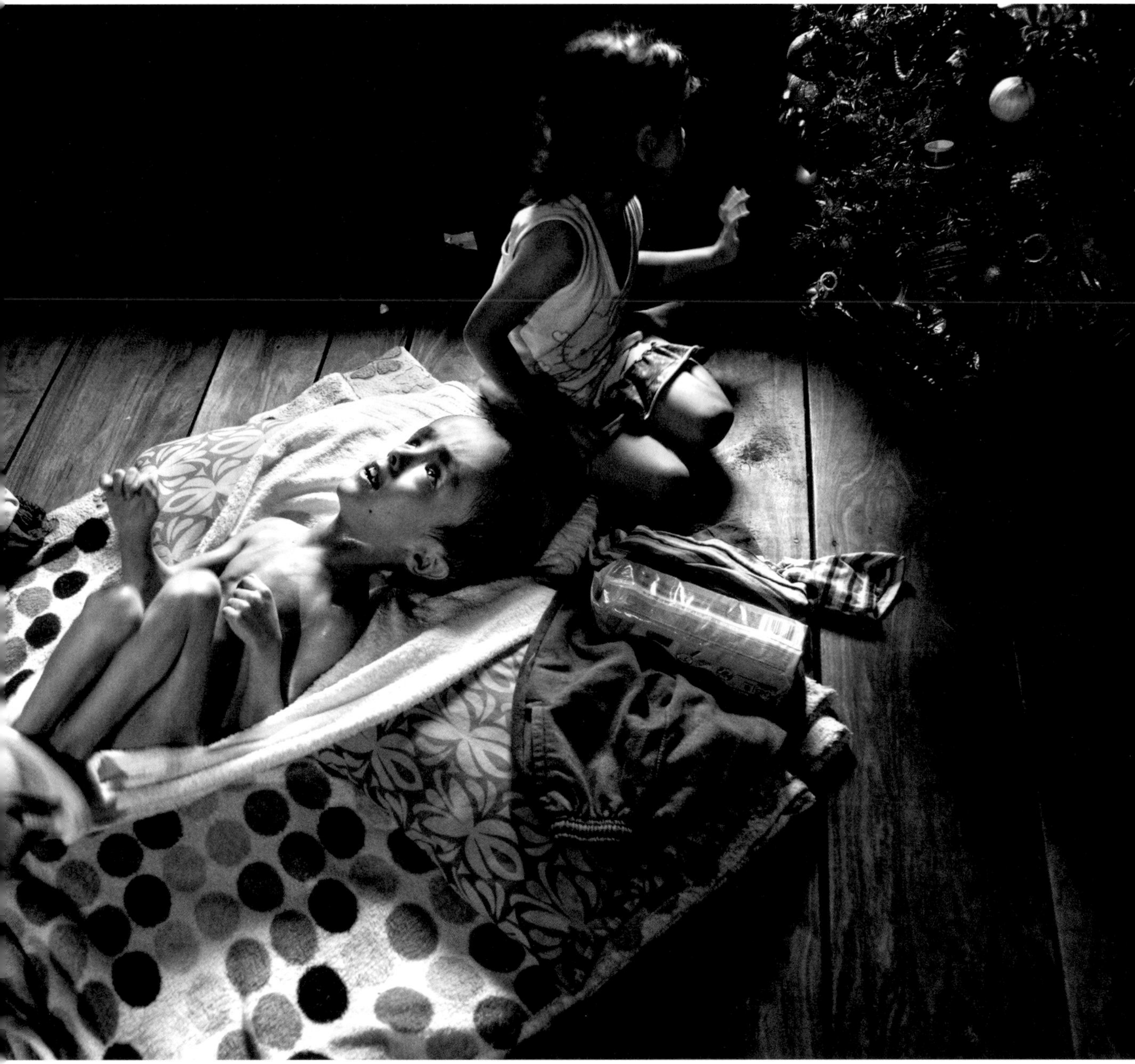

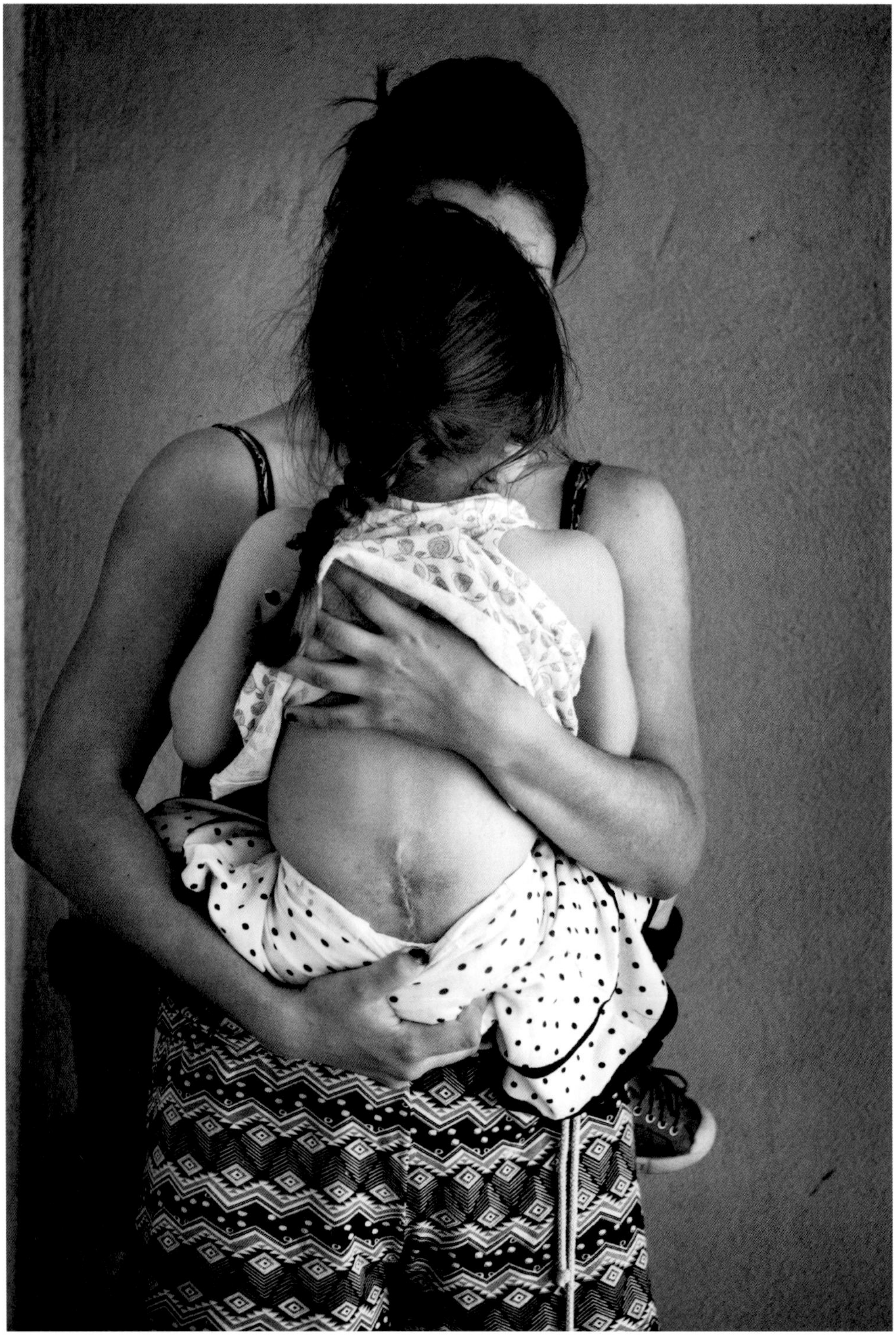

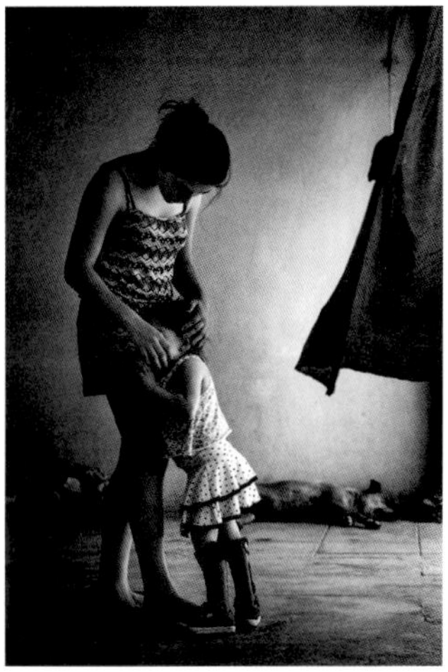

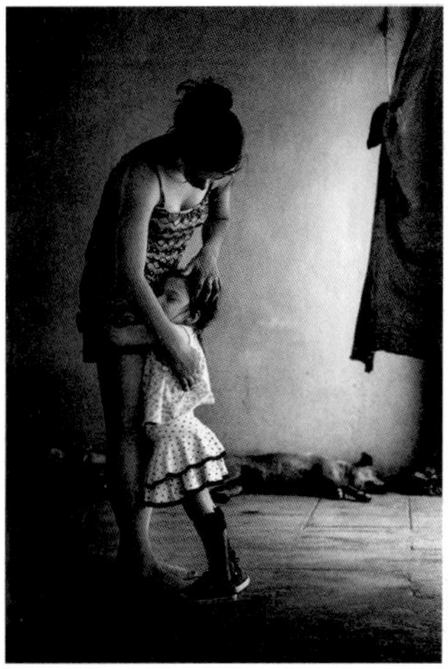

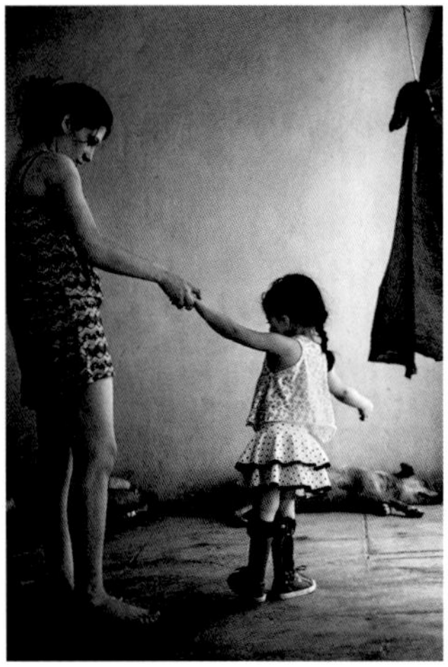
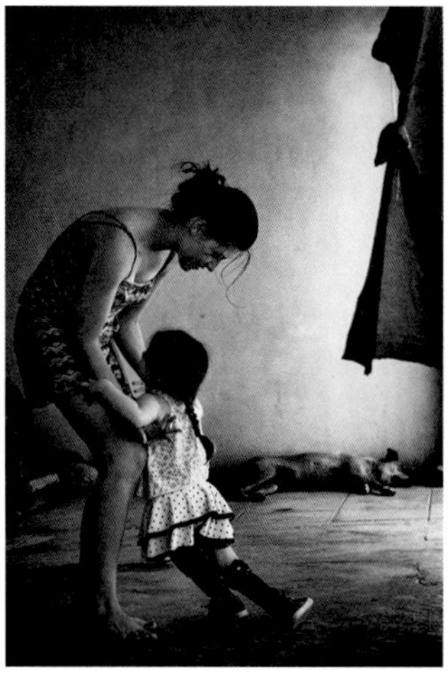
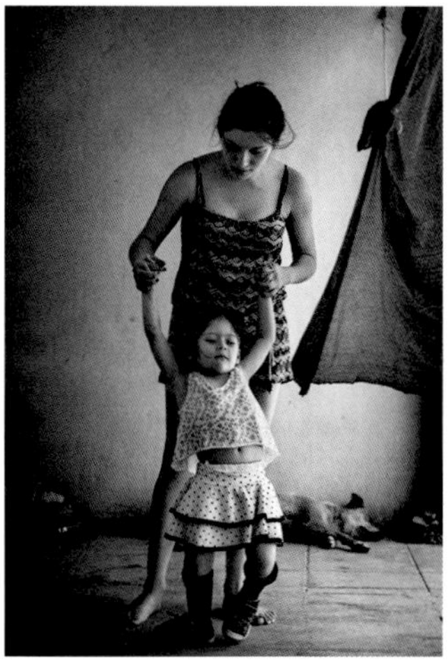
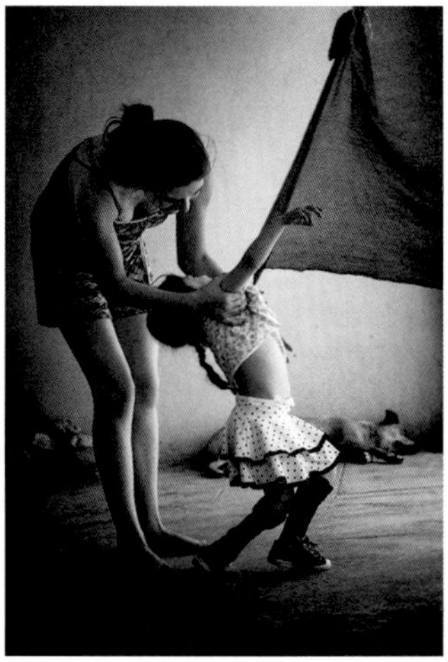

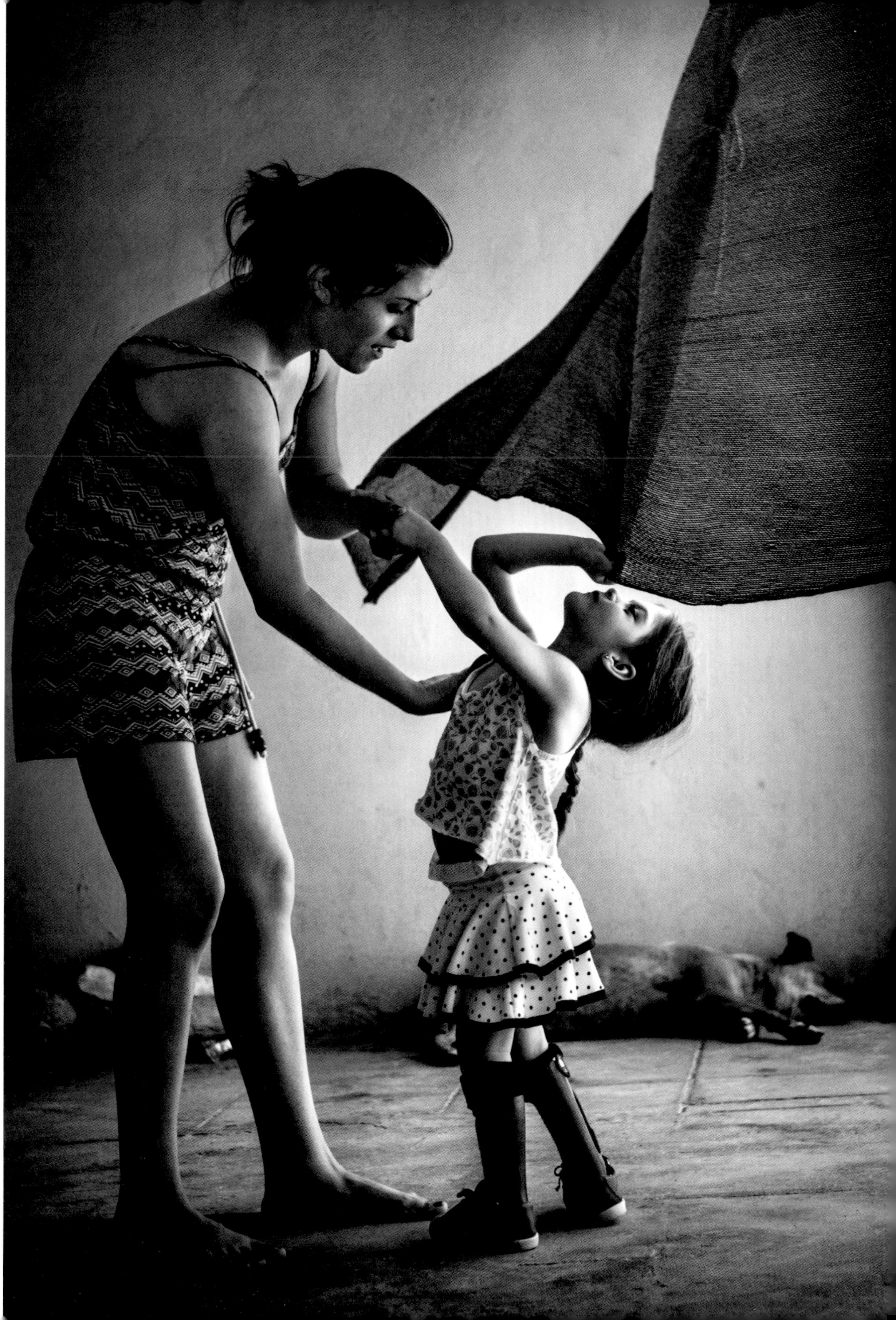

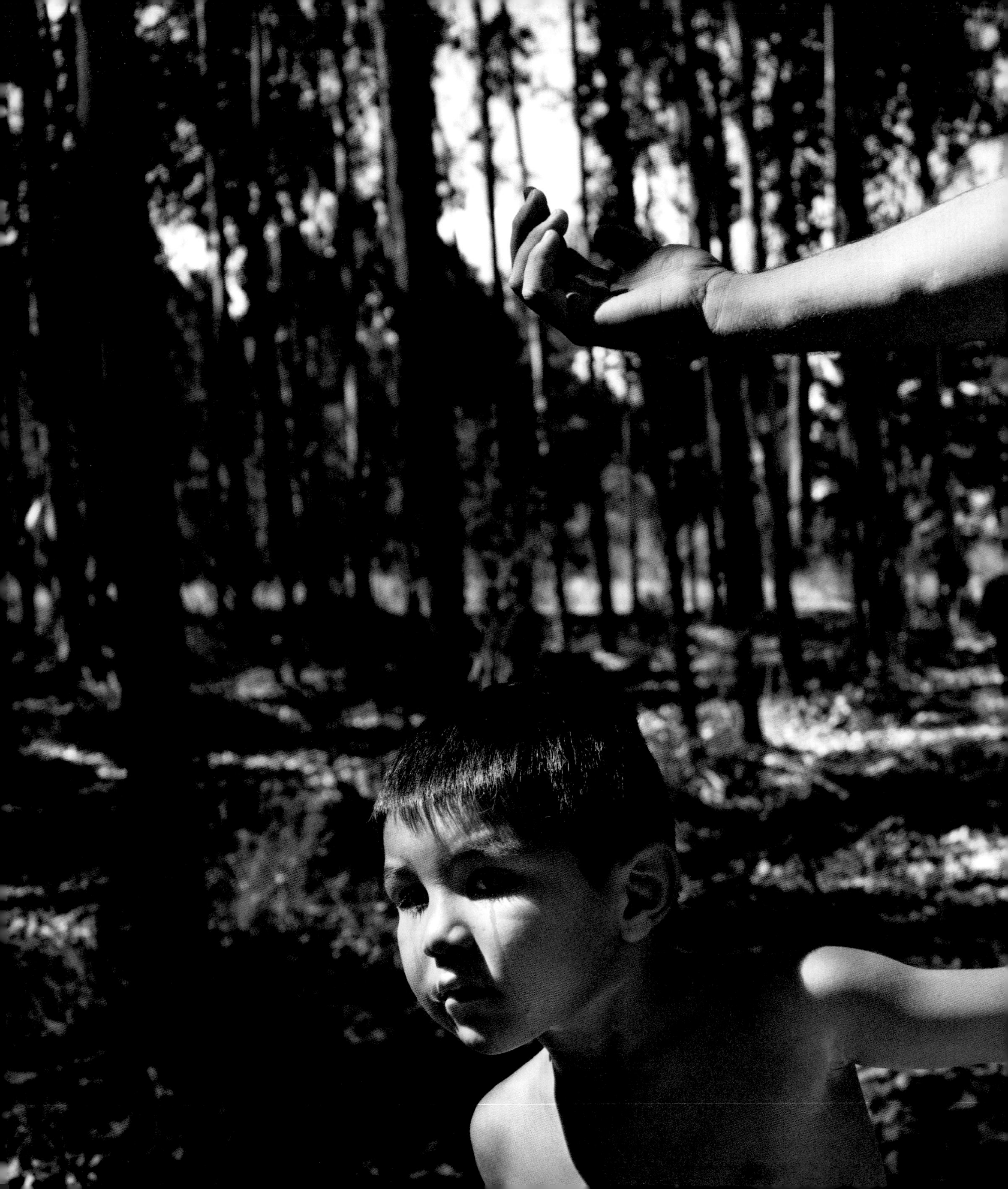

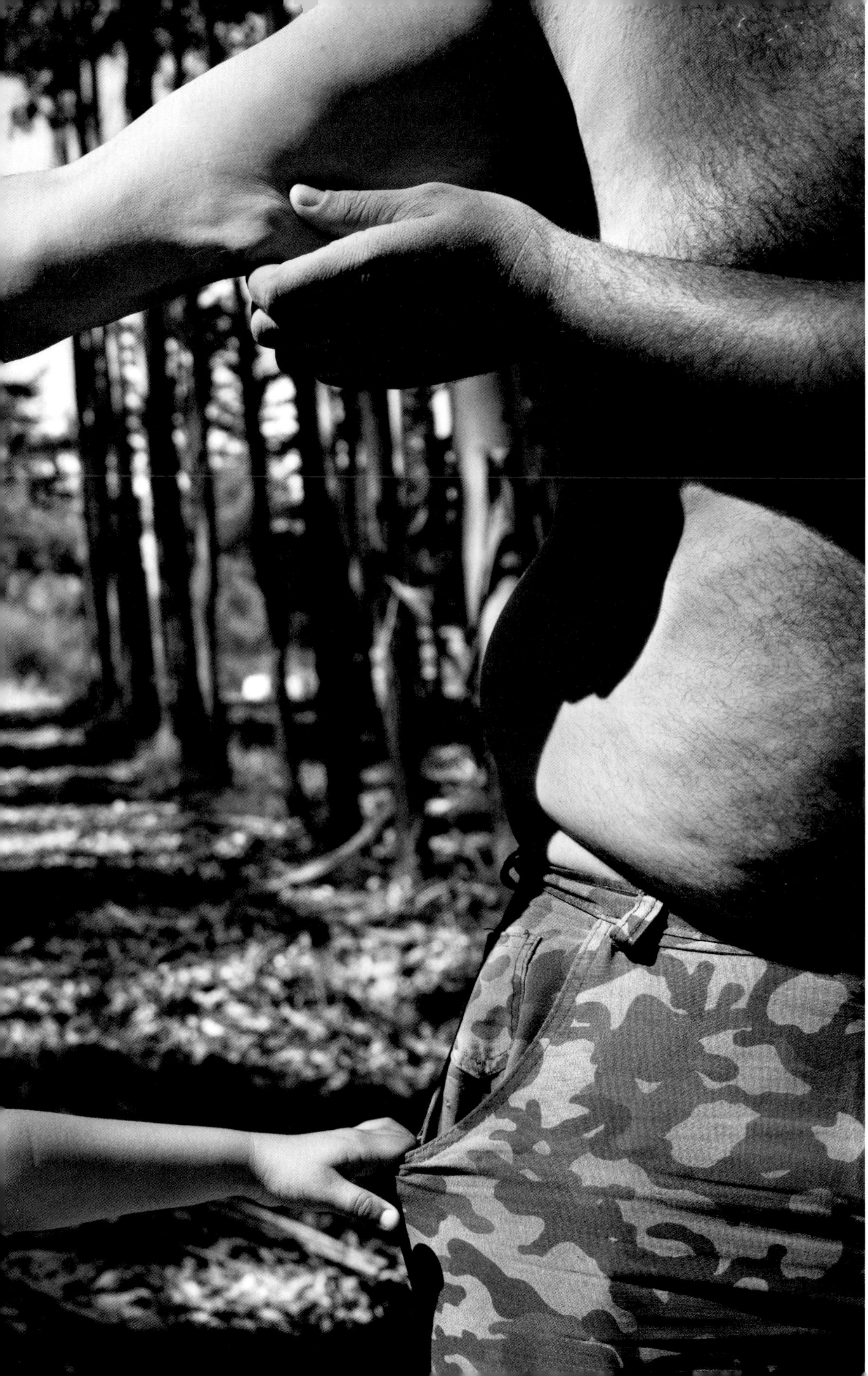

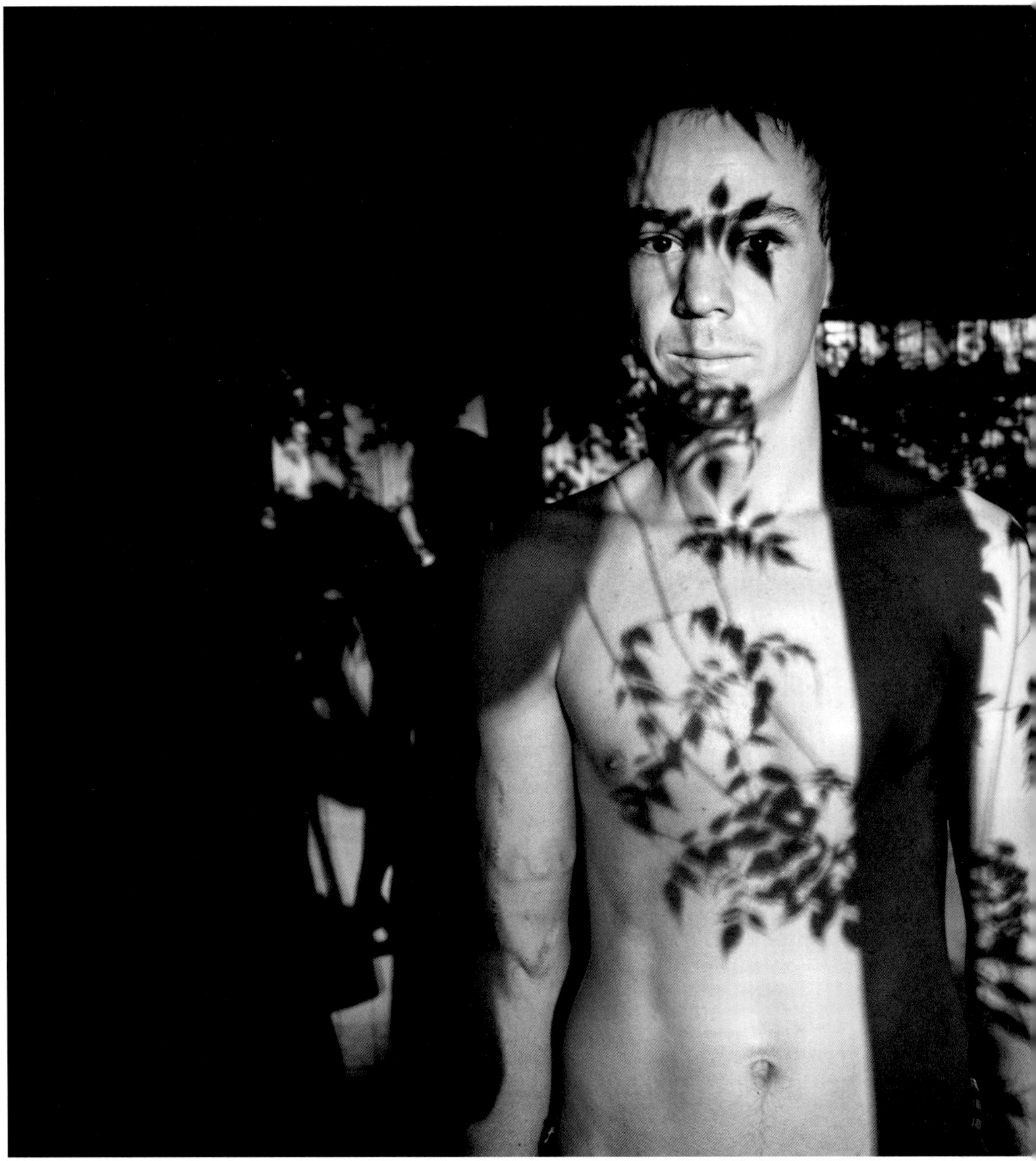

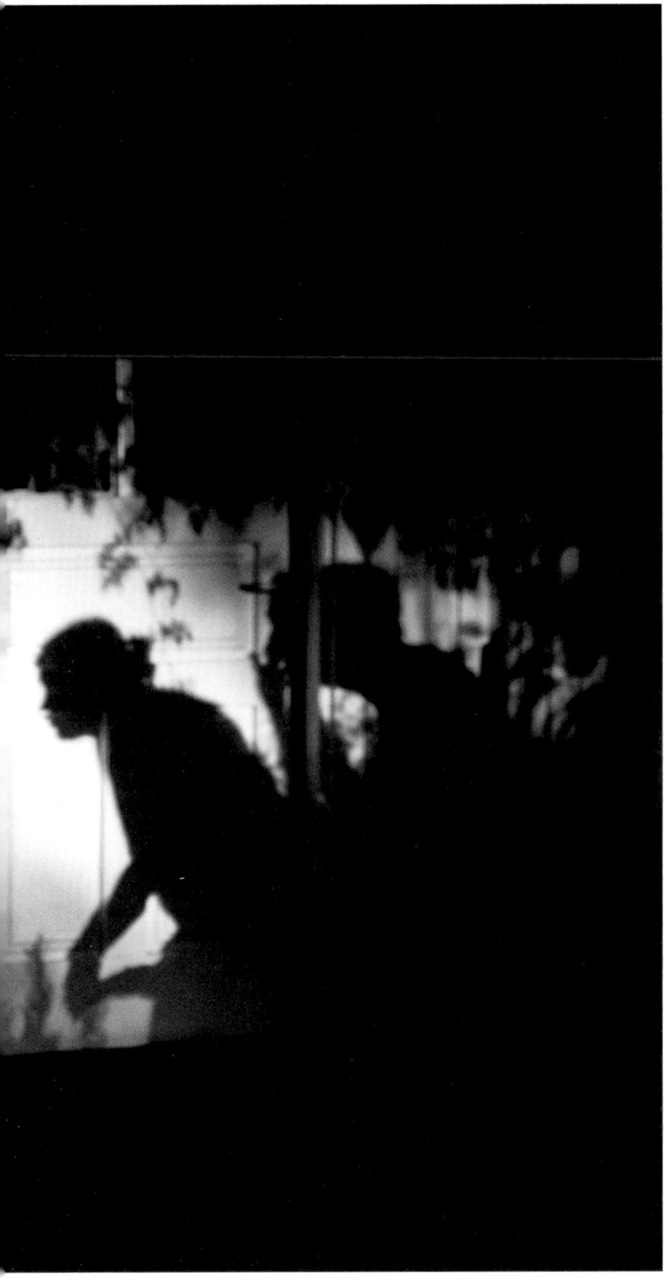

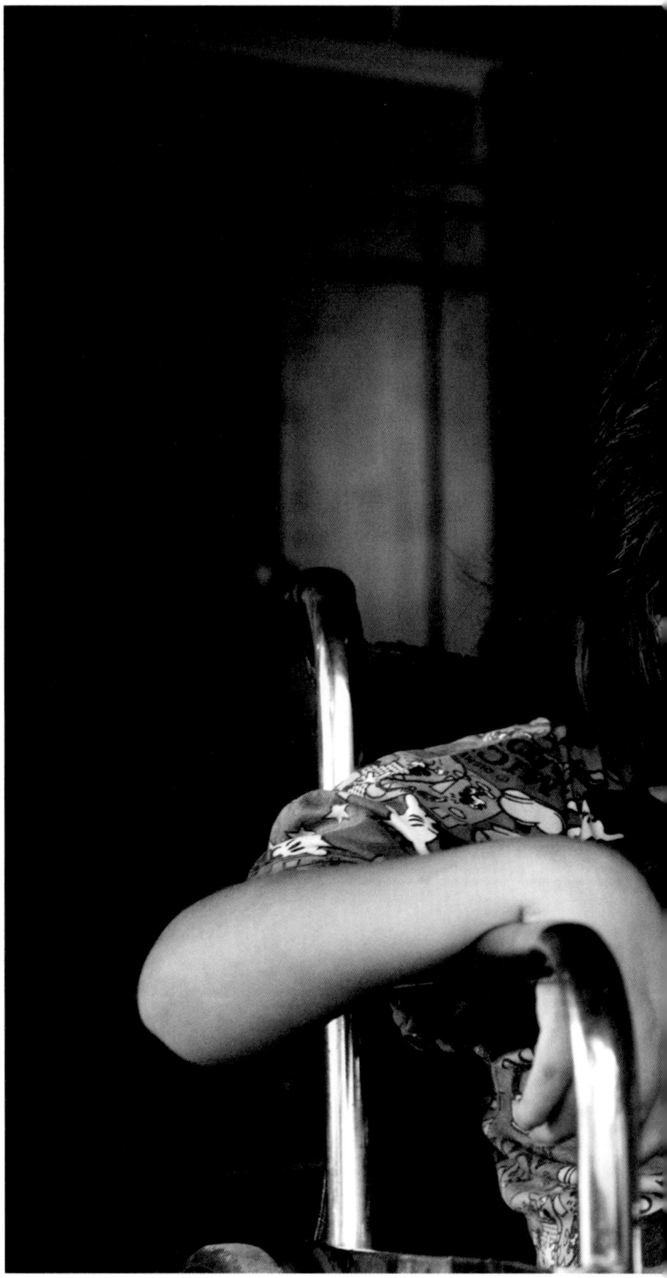

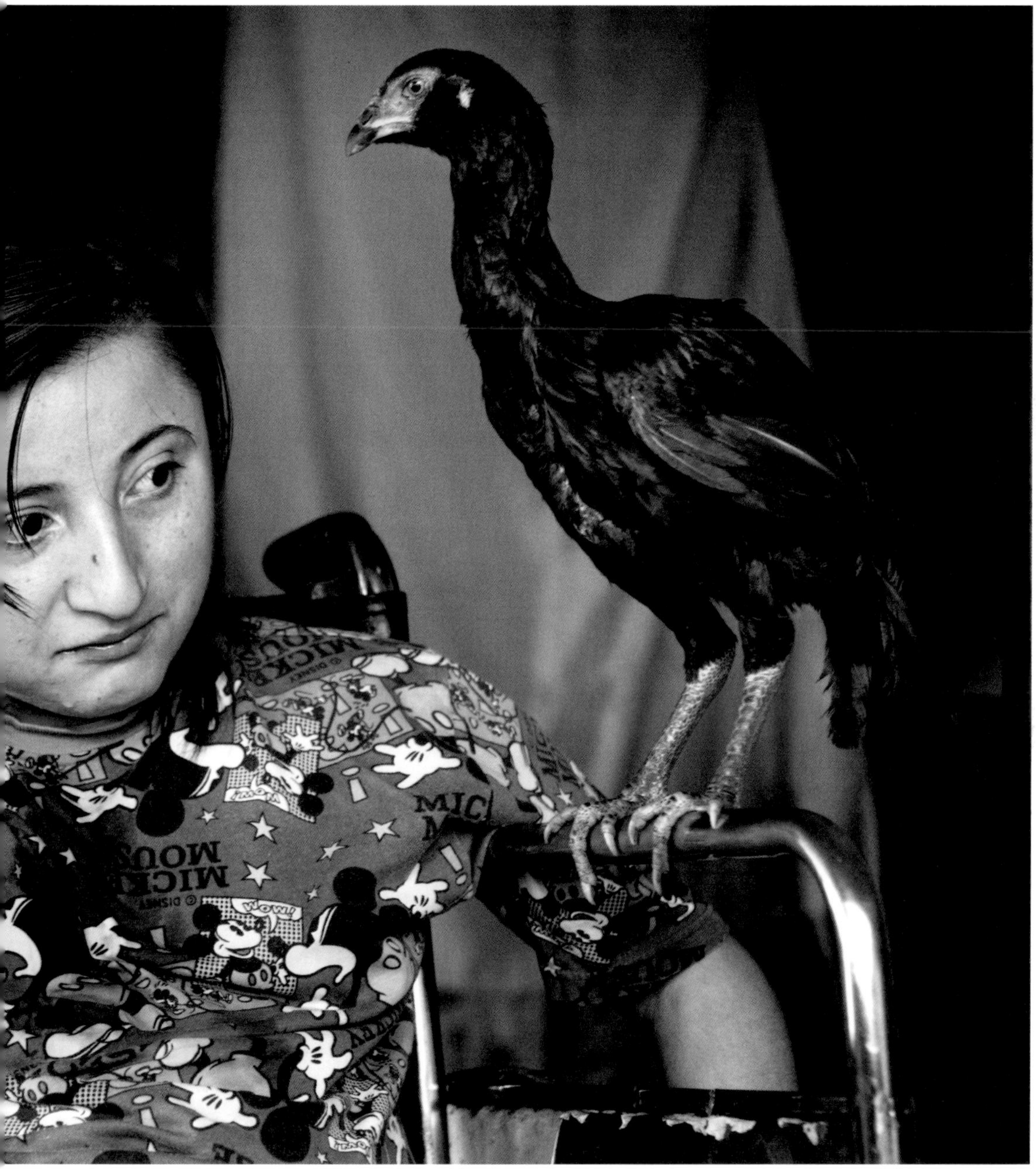

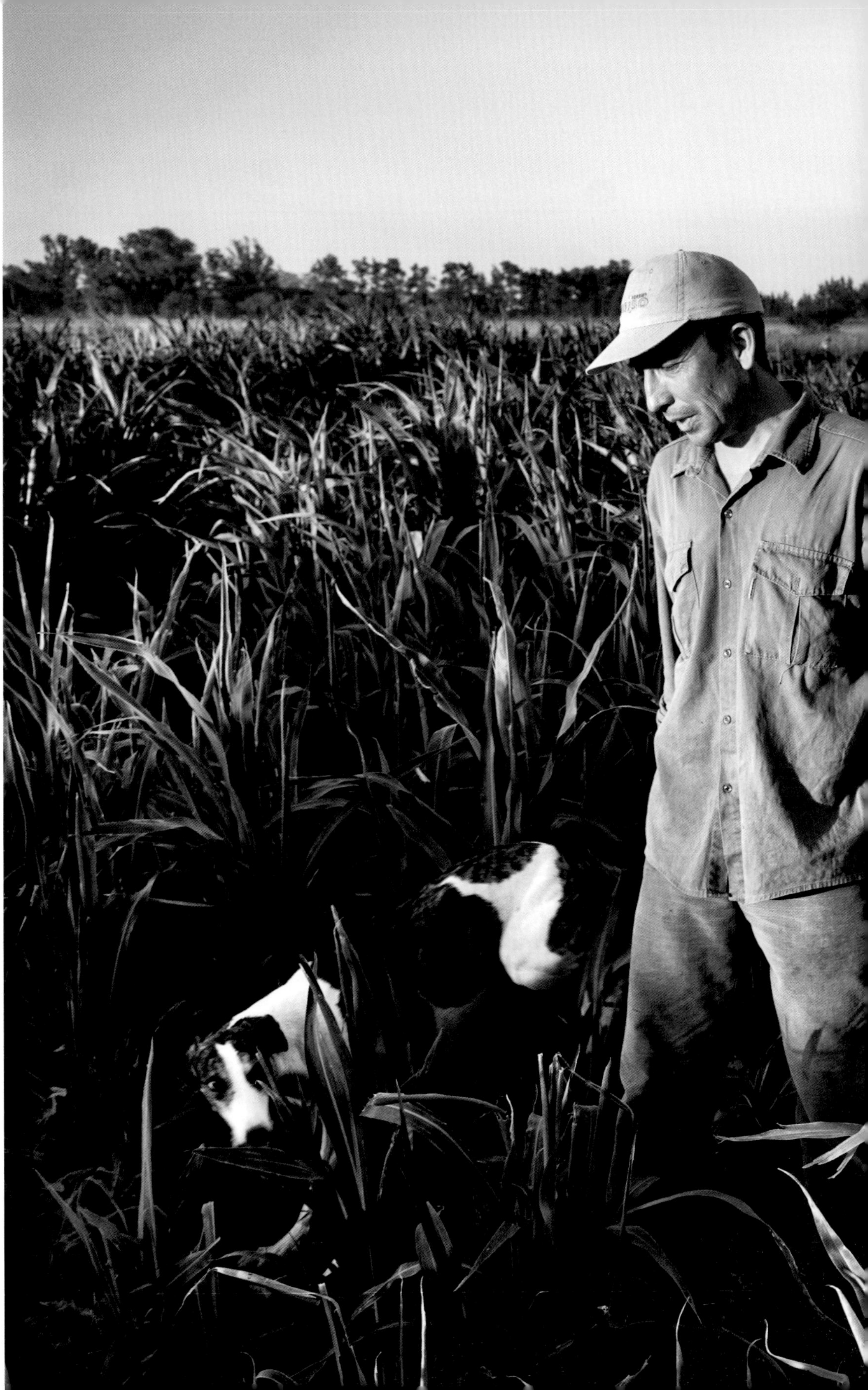

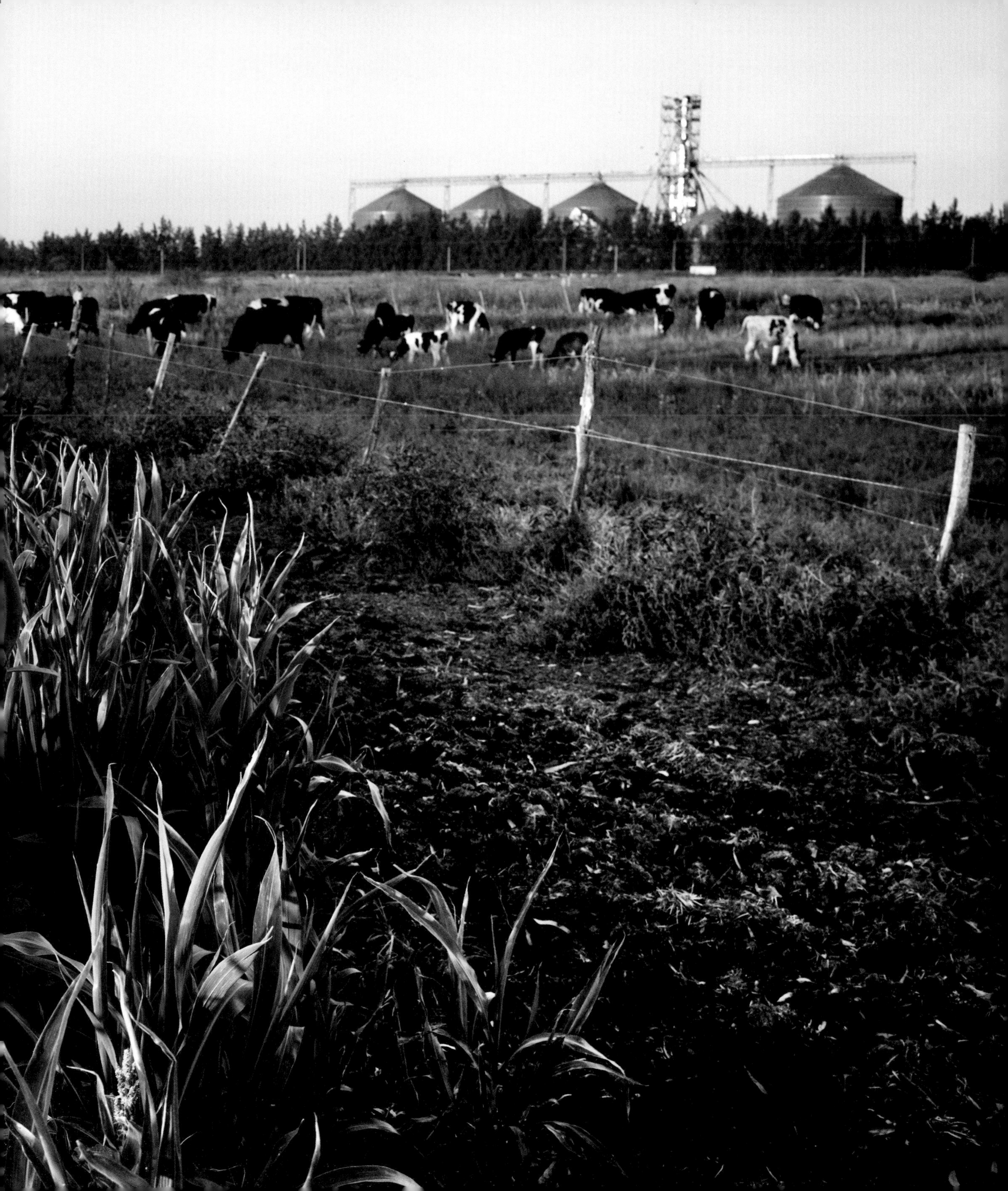

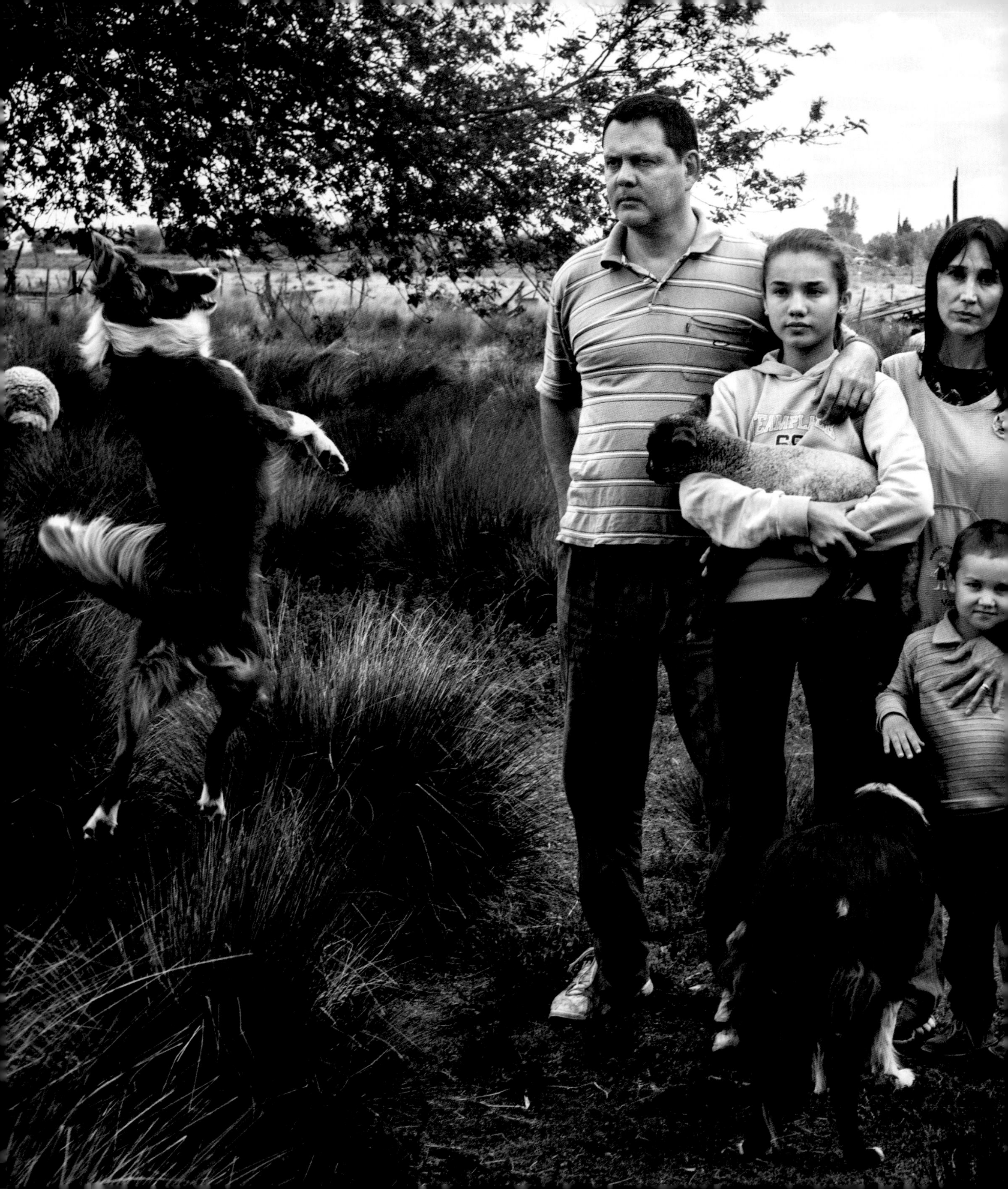

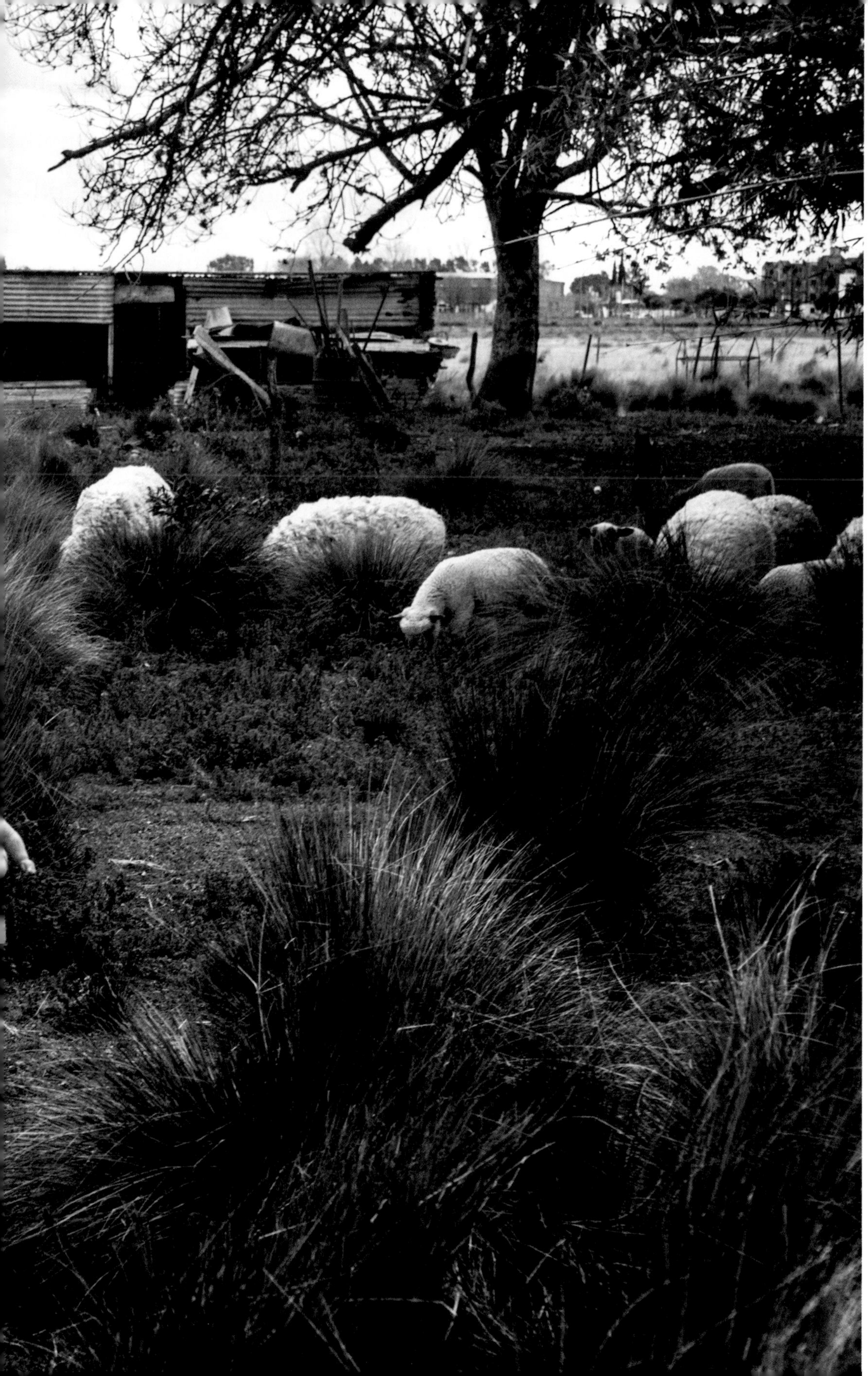

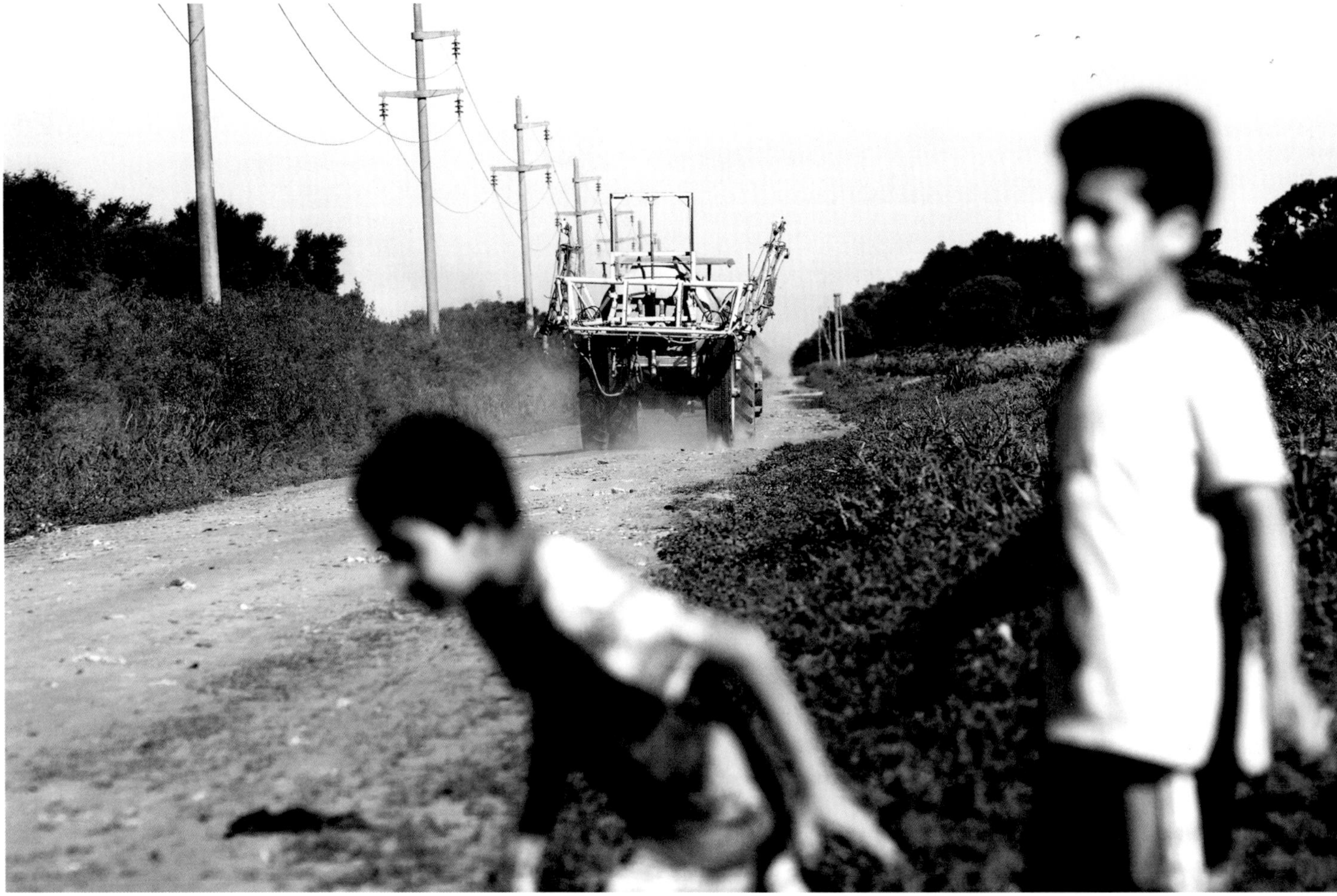

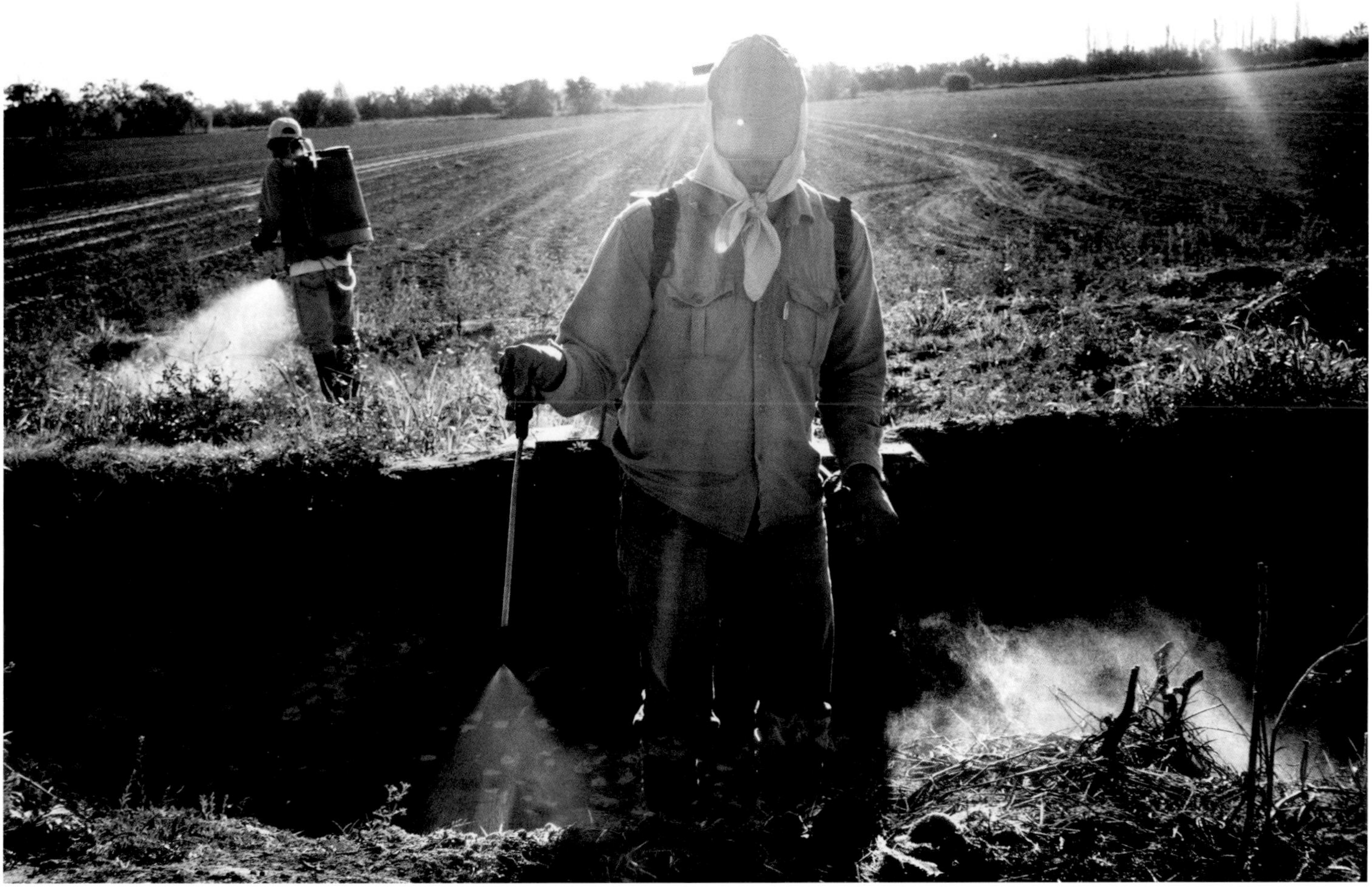

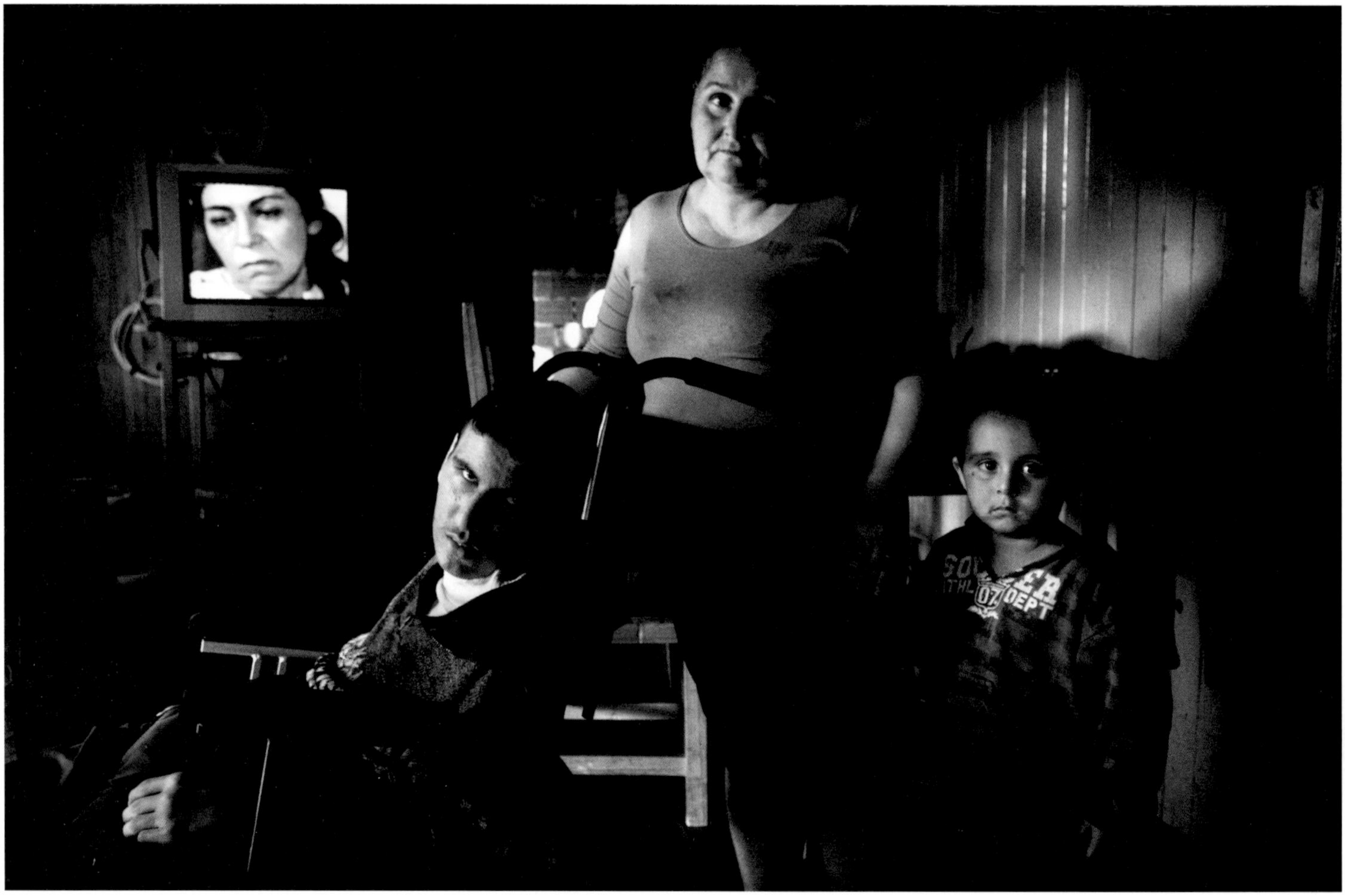

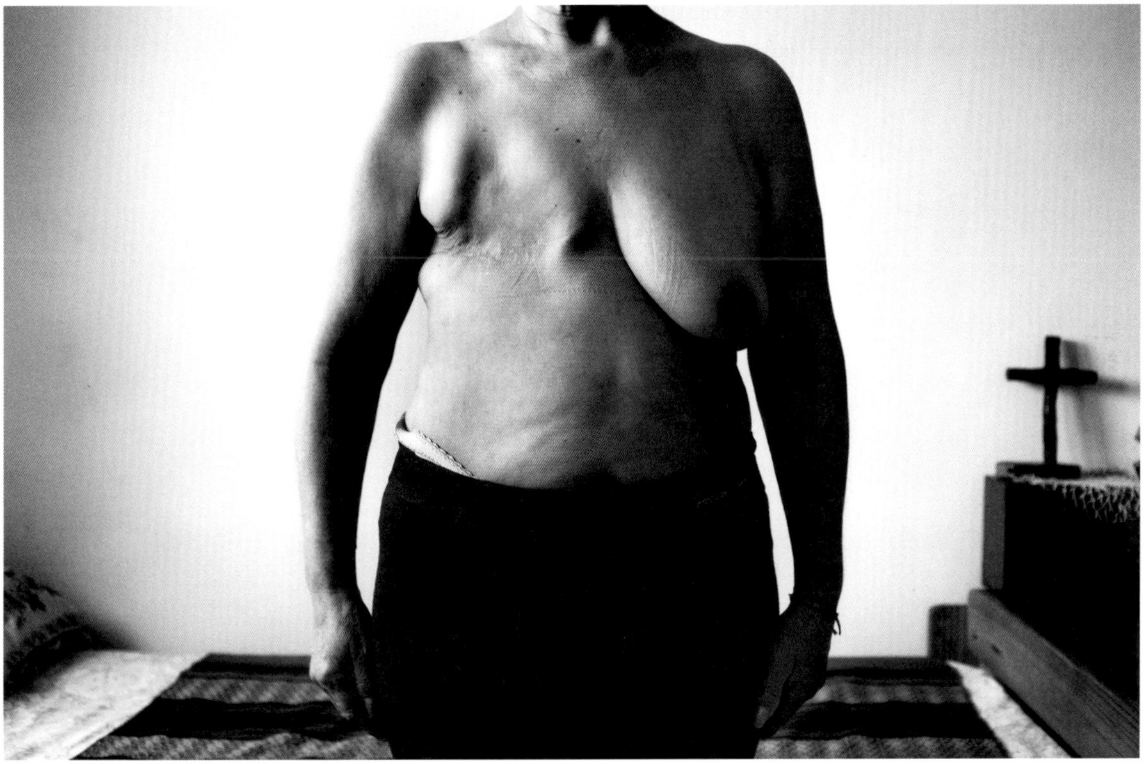

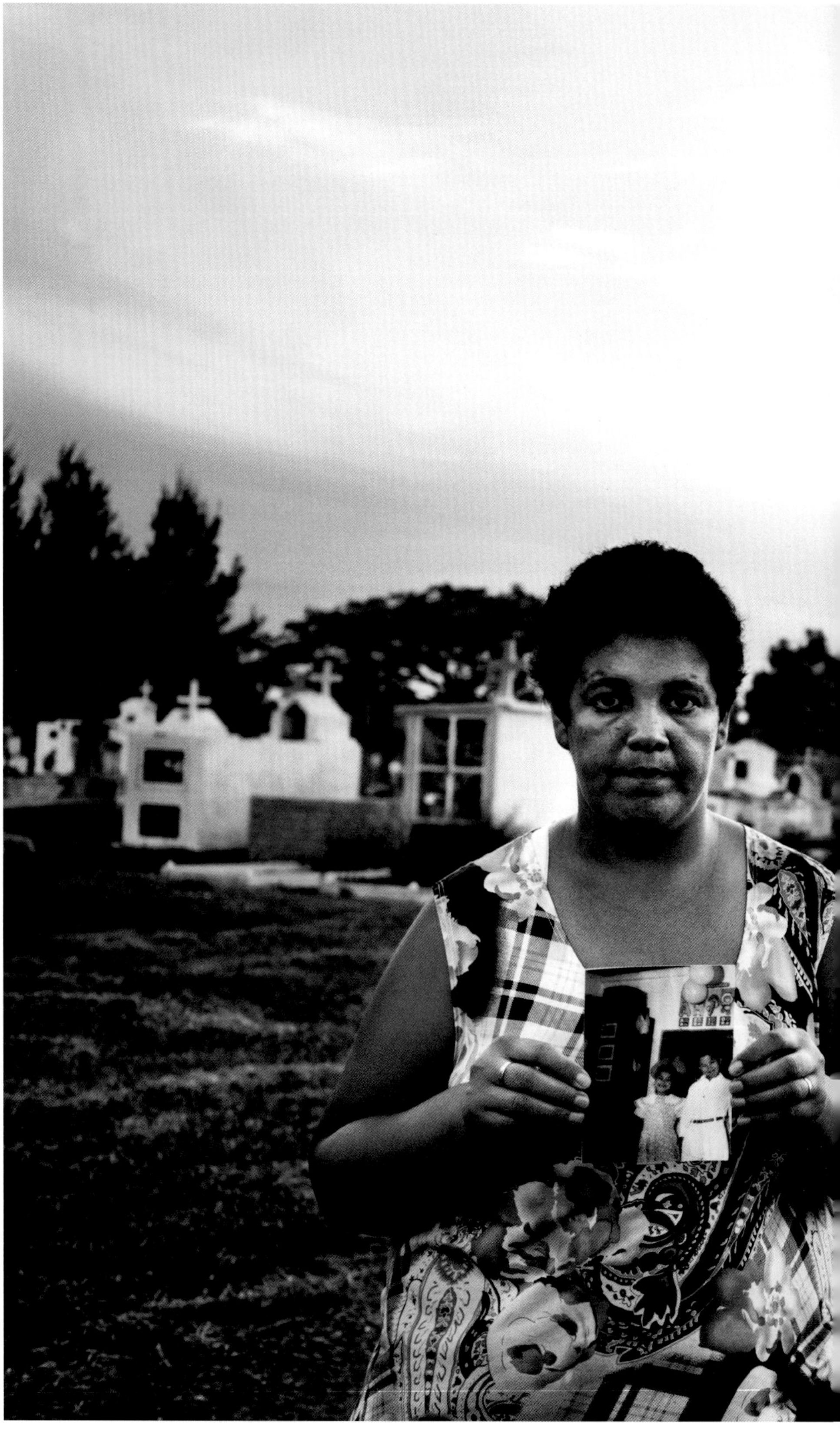

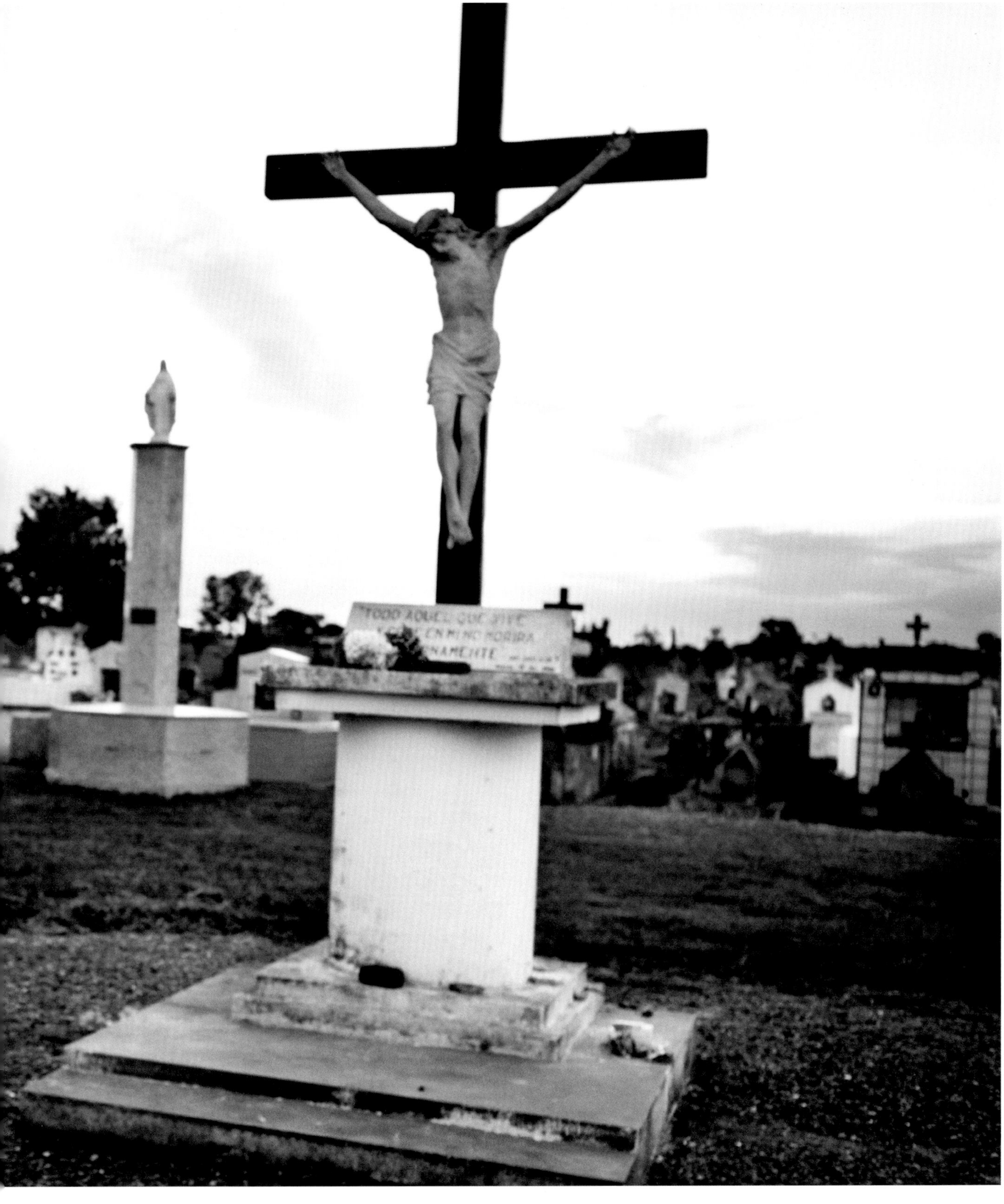
TODO AQUEL QUE VIVE

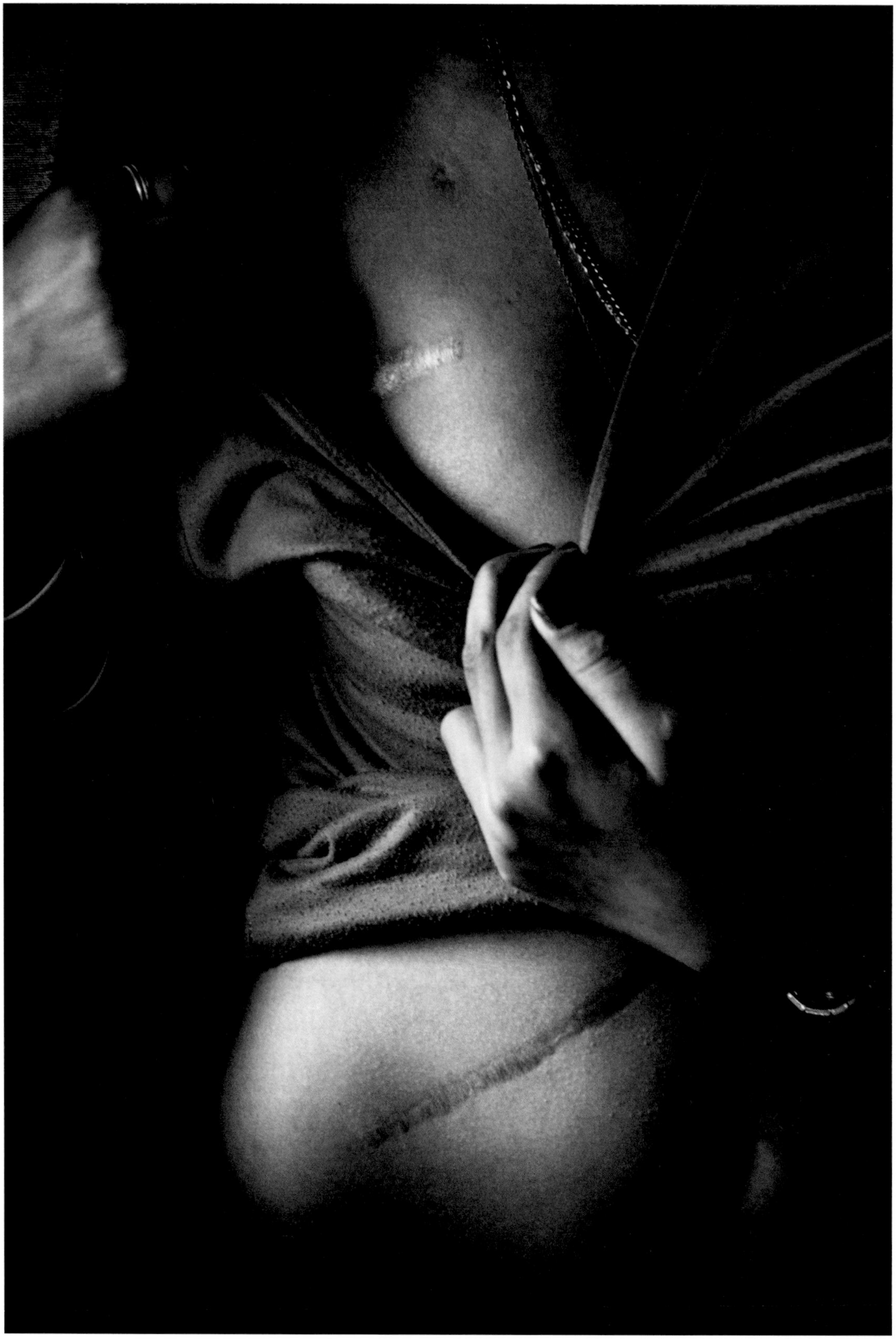

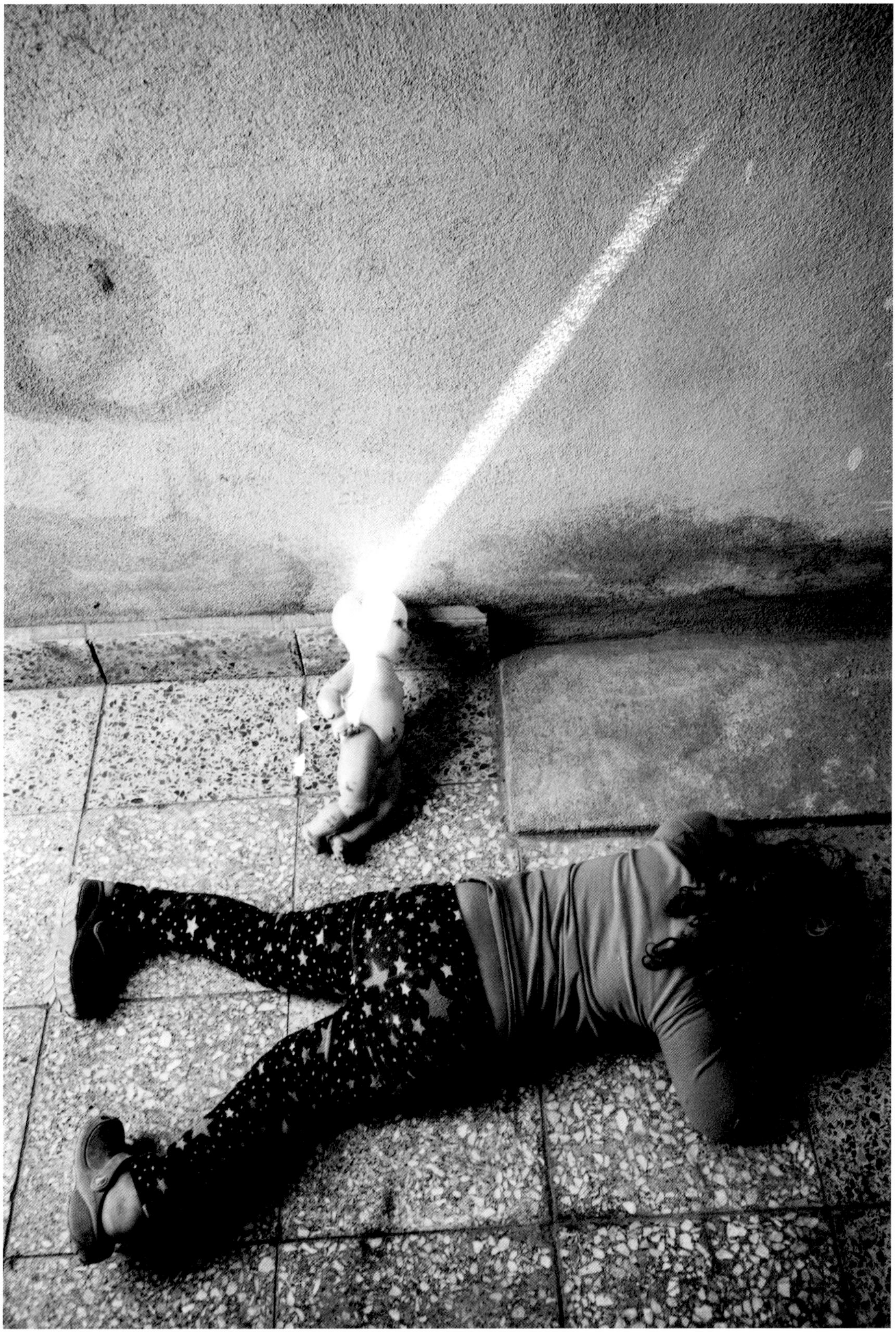

En este presente ciego,
Completo pero ciego y mudo,
Cuando nos han negado
 una parte de nuestro cuerpo,
Nos han negado la parcela de tierra que somos.
El alma se encoge,
Ante la grande vida,
Vidas invisibles,
Tráfico de todos,
Es un hecho nuestra poquedad.
Antiguo volcán,
No estás viejo,
Los niños traerán,
El fuego desde
Tu centro.

Ala de mariposa lleva la hormiga,
Se junta en el orificio,
Cuerpos tierras, cuerpos vientos,
Cierra estas palabras,
corta los ojos
De la señal castigadora.
Me recuerda mi corazón,
Que he de llorar
De tu abrazo
Brasa apagada.

Yo como humano pregunto, pregunto...
Dónde está la sangre flor de mi madre,
Dónde el árbol, camino de mi casa,
Dónde está la guadaña que cegó el paisaje,
Dónde el espanto guarda
La esperanza.

Carmen Vicente

In this blind present,
Complete but blind and mute,
When we have been denied a part of our body,
We have been denied
 the parcel of land that we are.
The soul shrinks,
Before vast life,
Invisible lives,
Motion of all,
Our smallness is a fact.
Ancient volcano,
You are not old,
Your children shall bring,
The fire from
Your center.

A butterfly wing bearing the ant,
Joined in the opening
Bodies of land, bodies of wind,
Shut these words,
Cut the eyes
From the punishing signal.
My heart reminds me,
That I shall cry
From your embrace
Extinguished embers.

And I ask as a human being...
Where is the blood flower of my mother,
Where is the tree, path to my house,
Where is the scythe that blinded the landscape,
Where the horror keeps
The hope.

Carmen Vicente

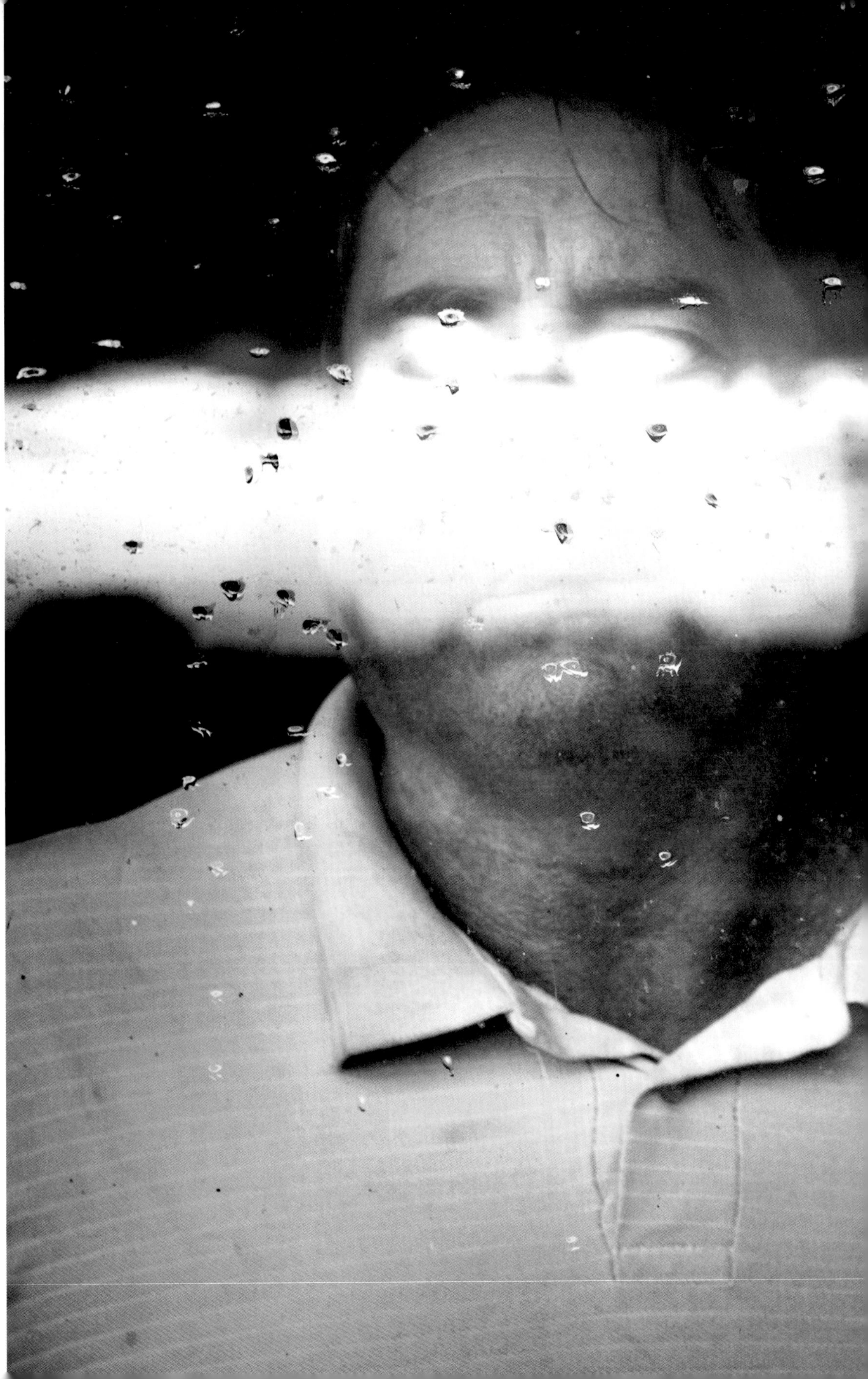

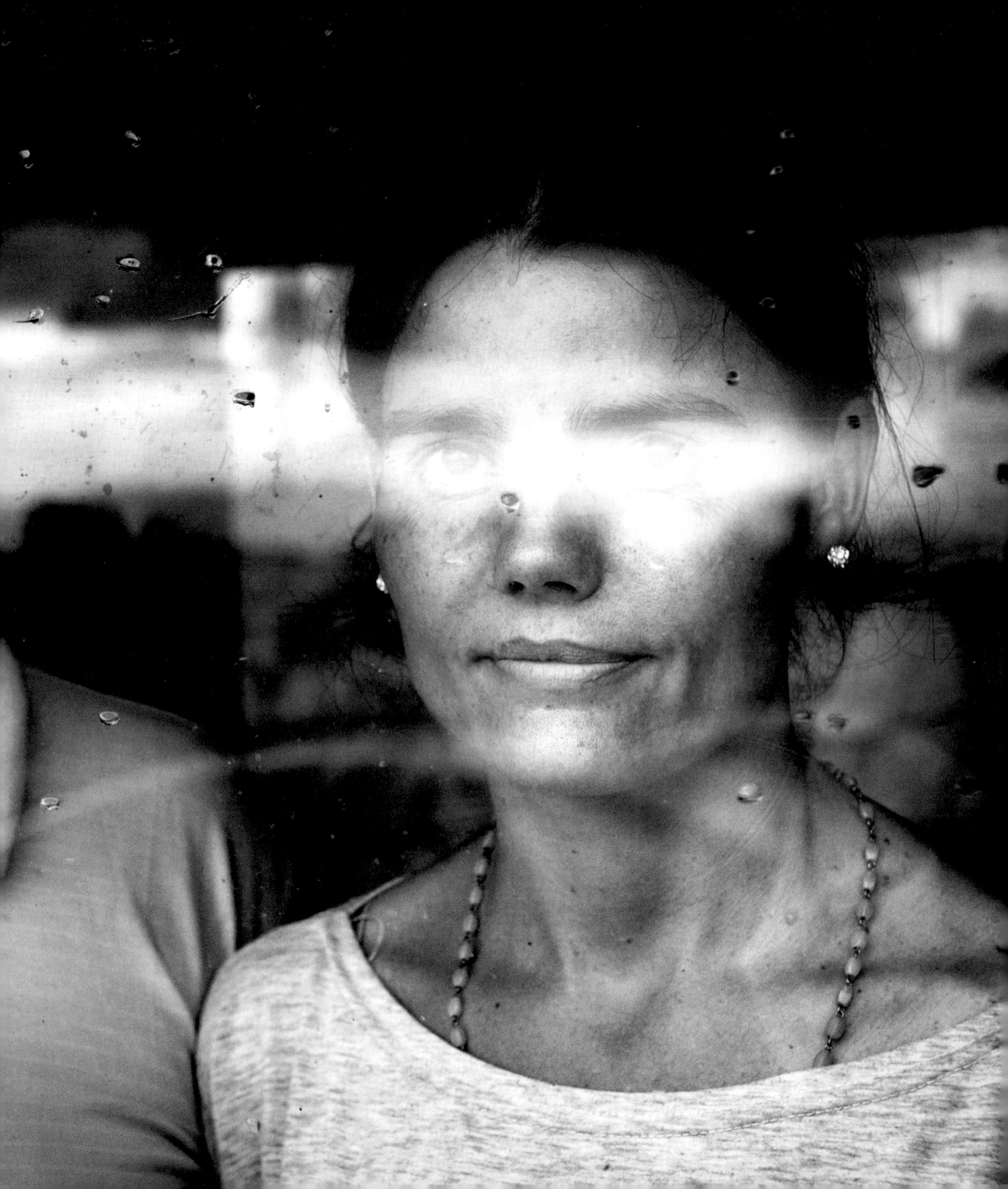

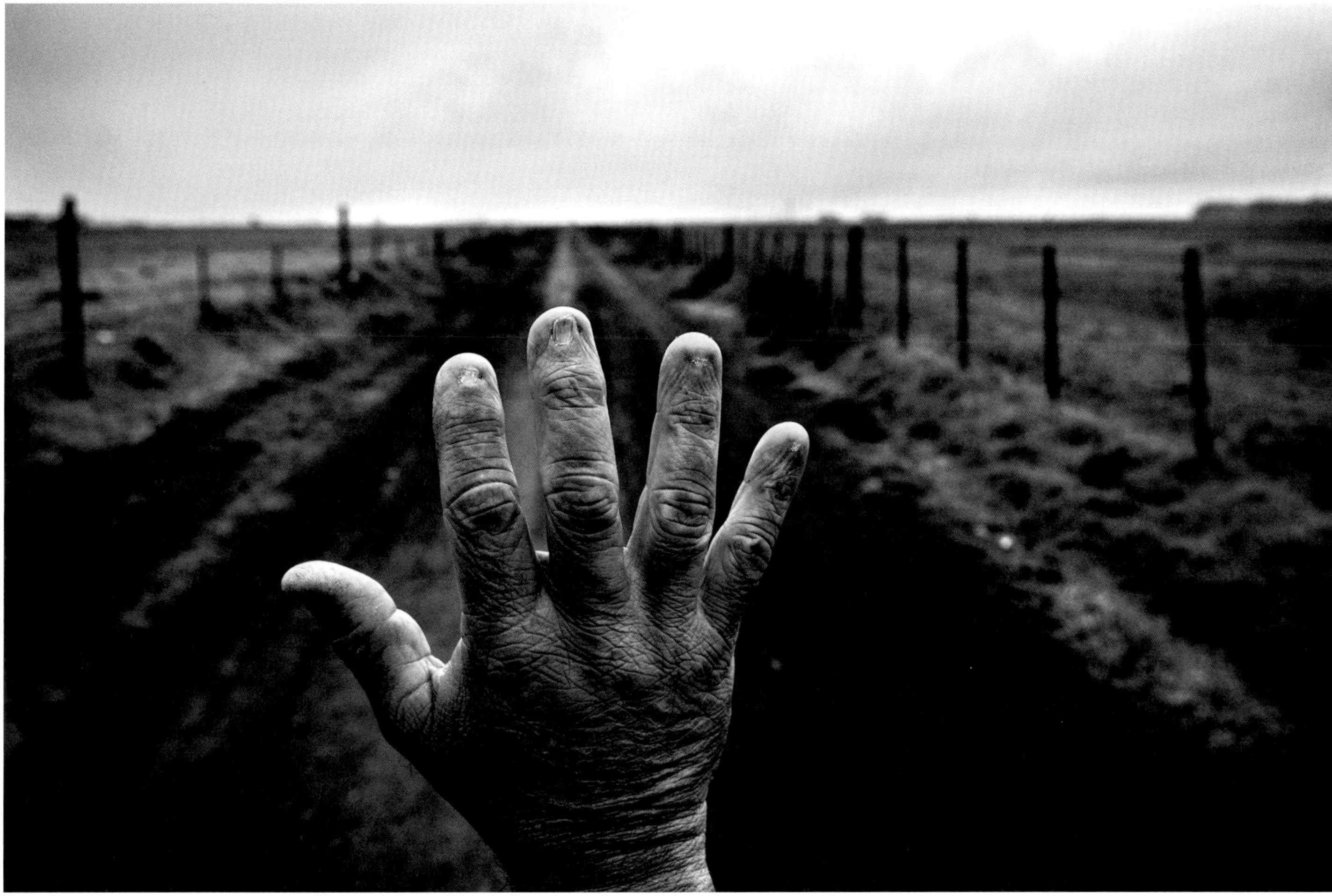

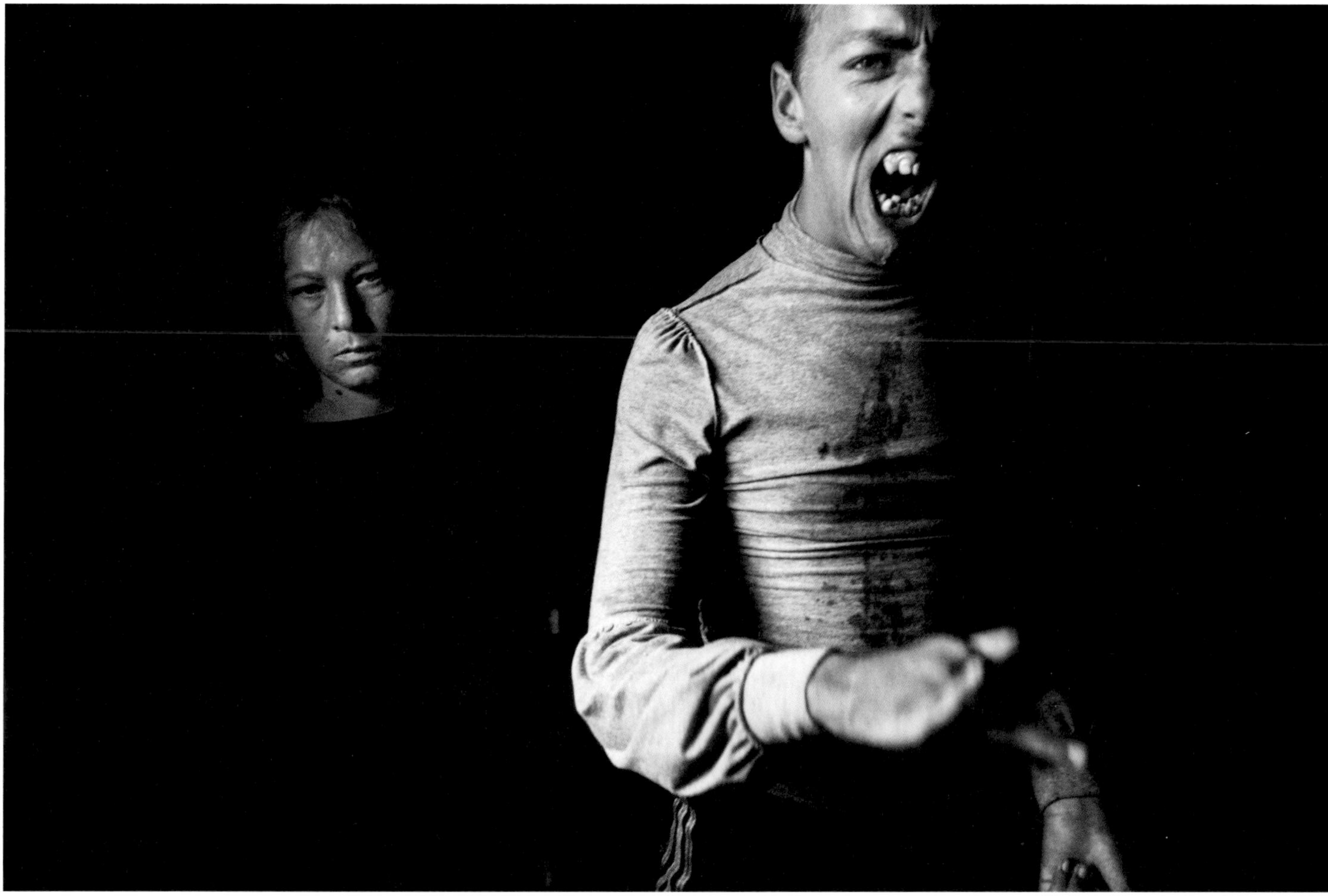

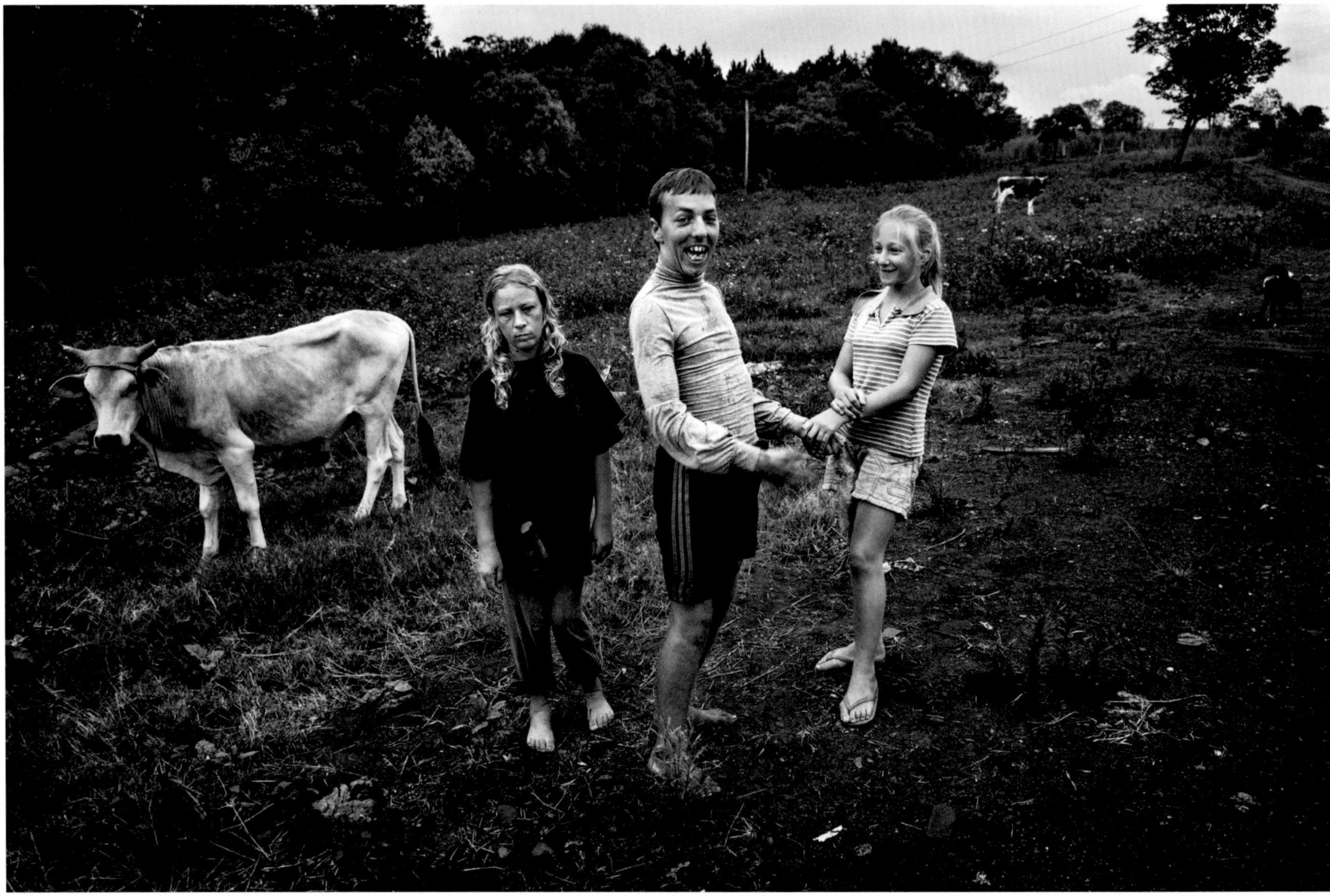

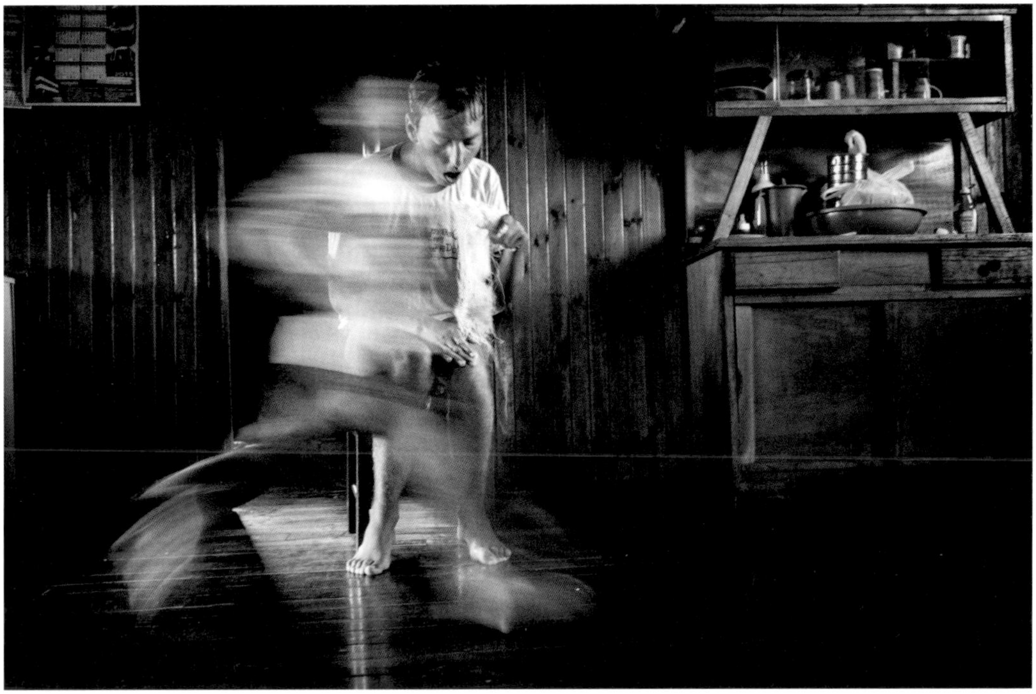

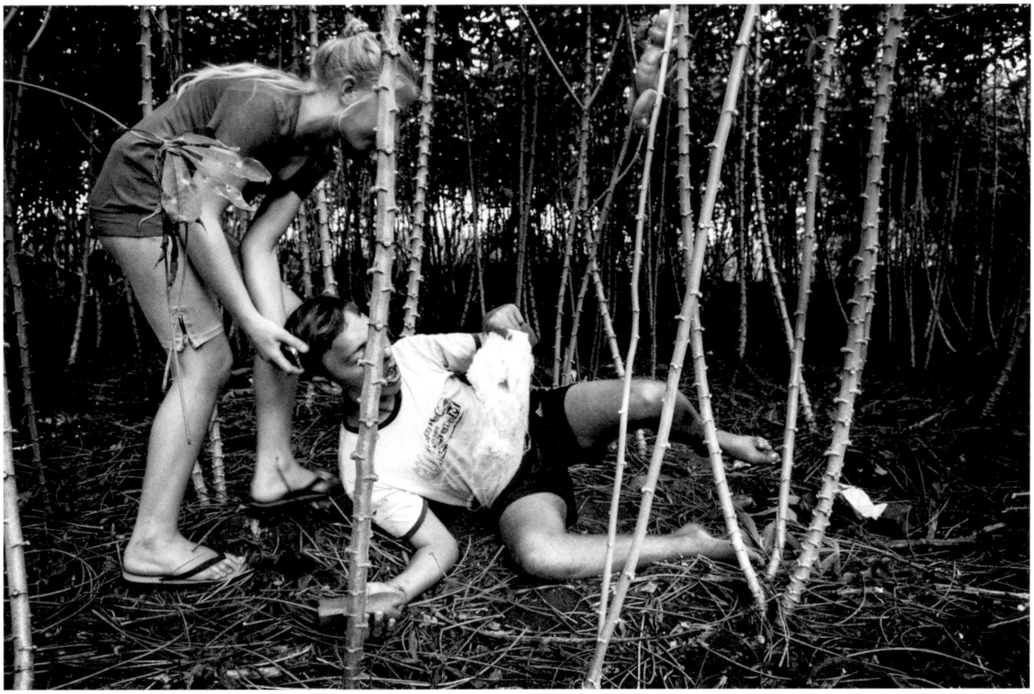

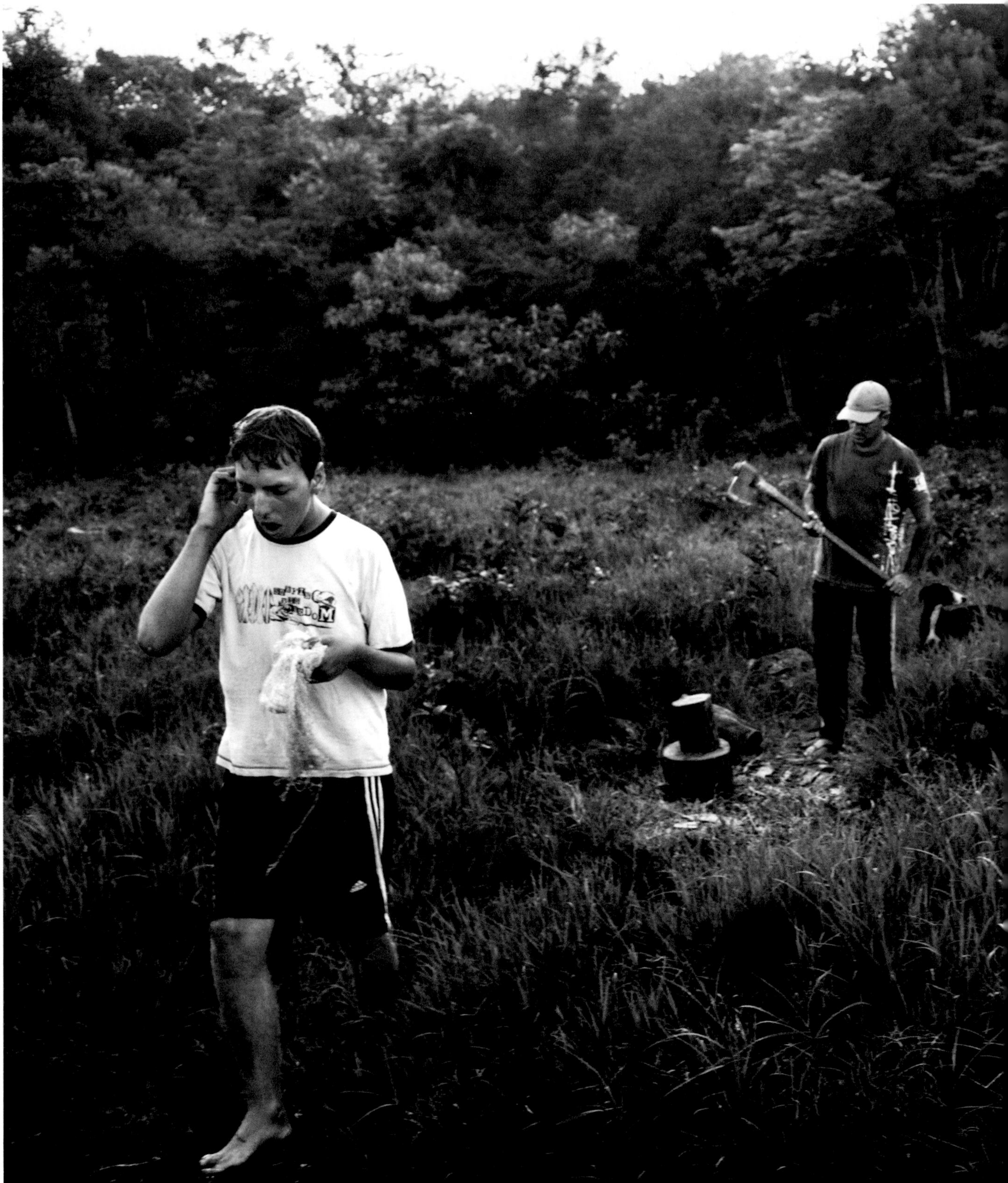

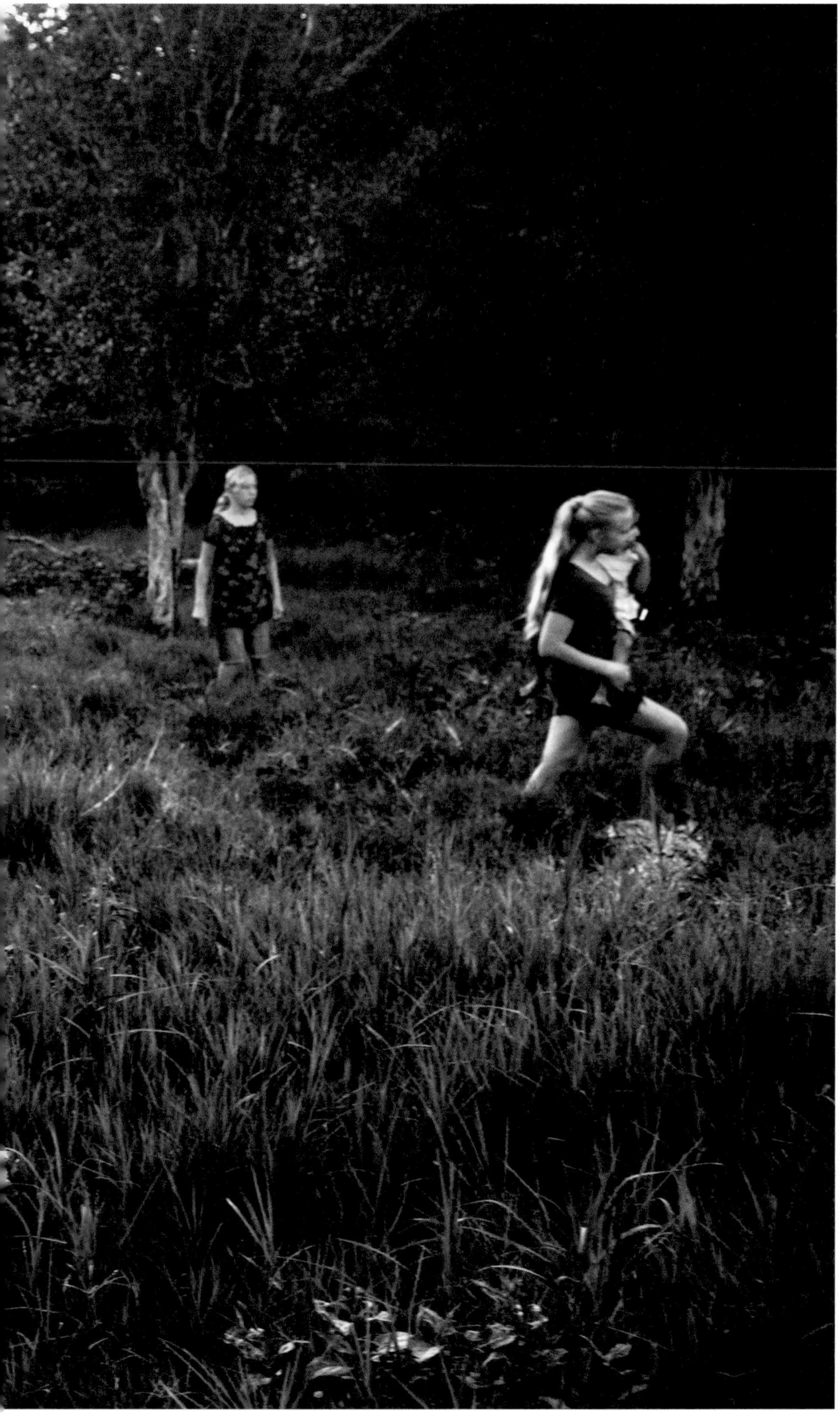

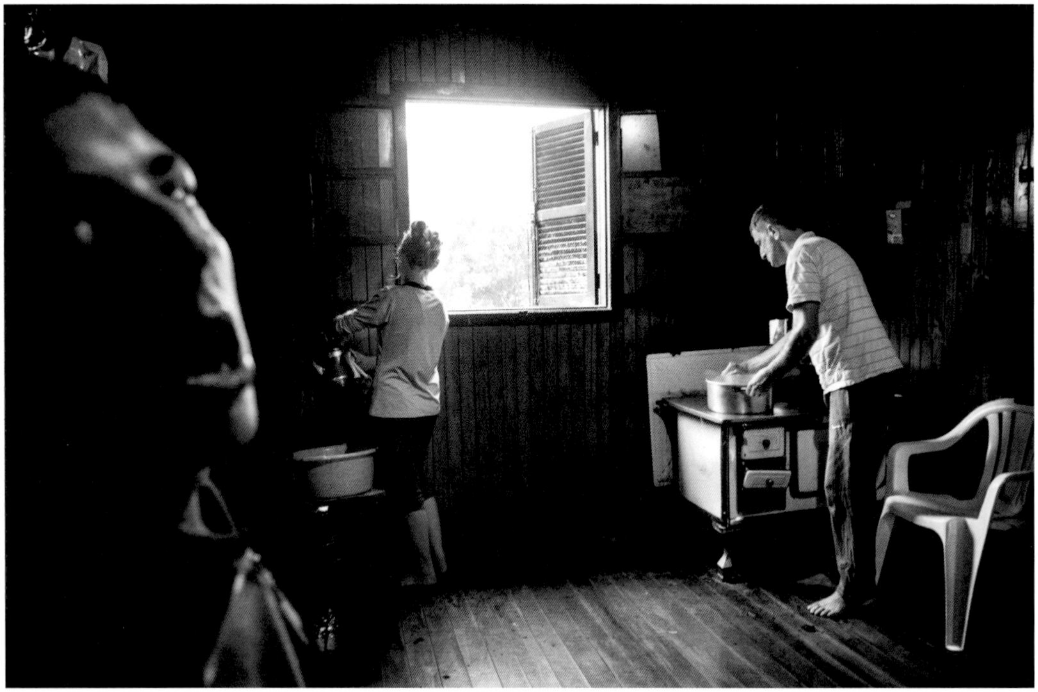

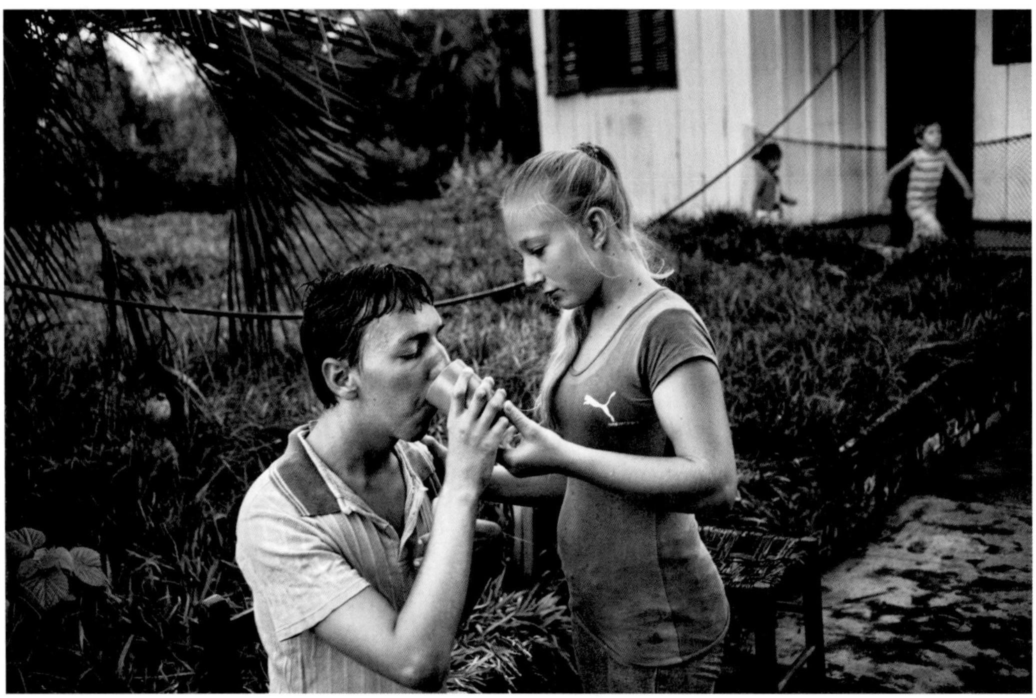

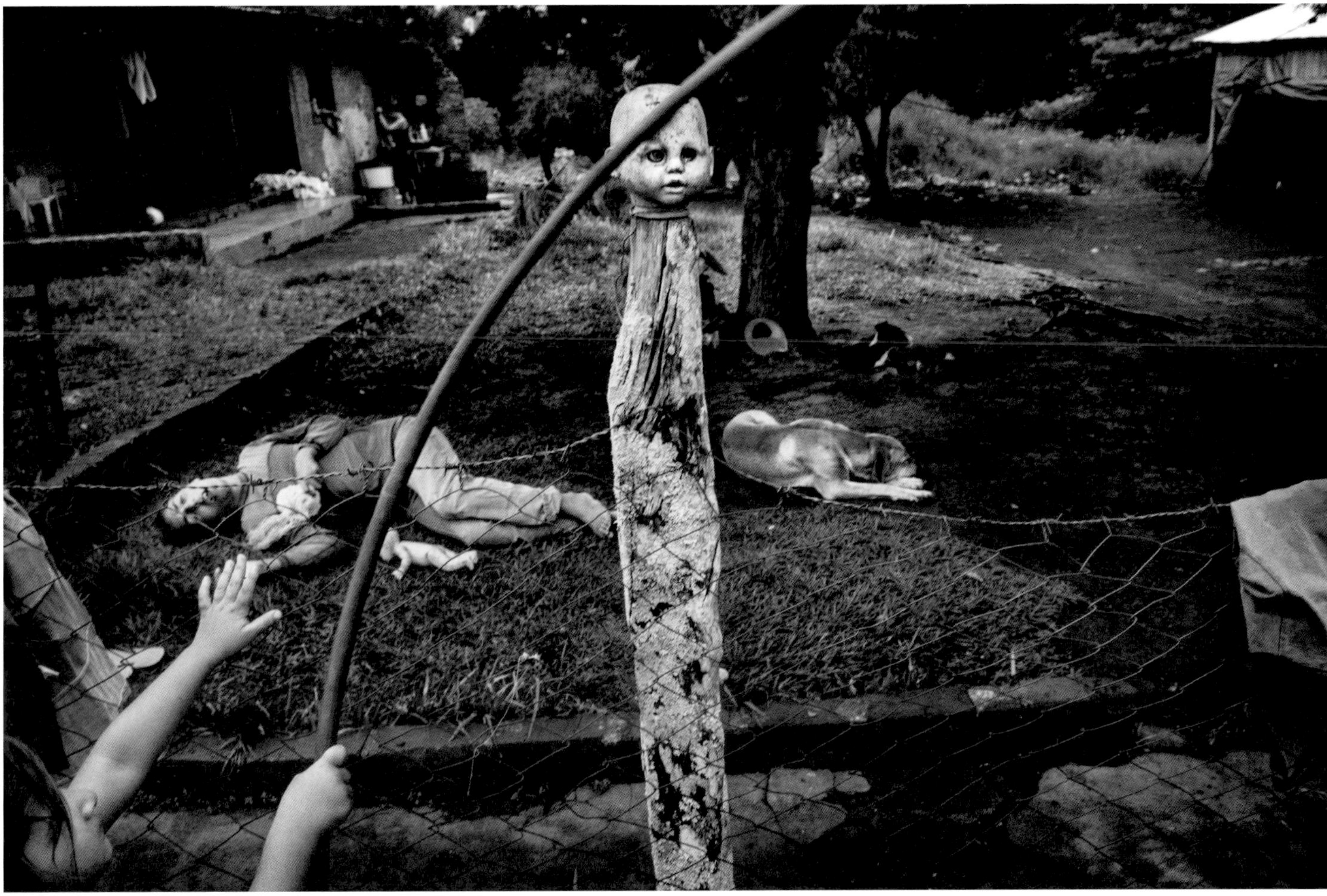

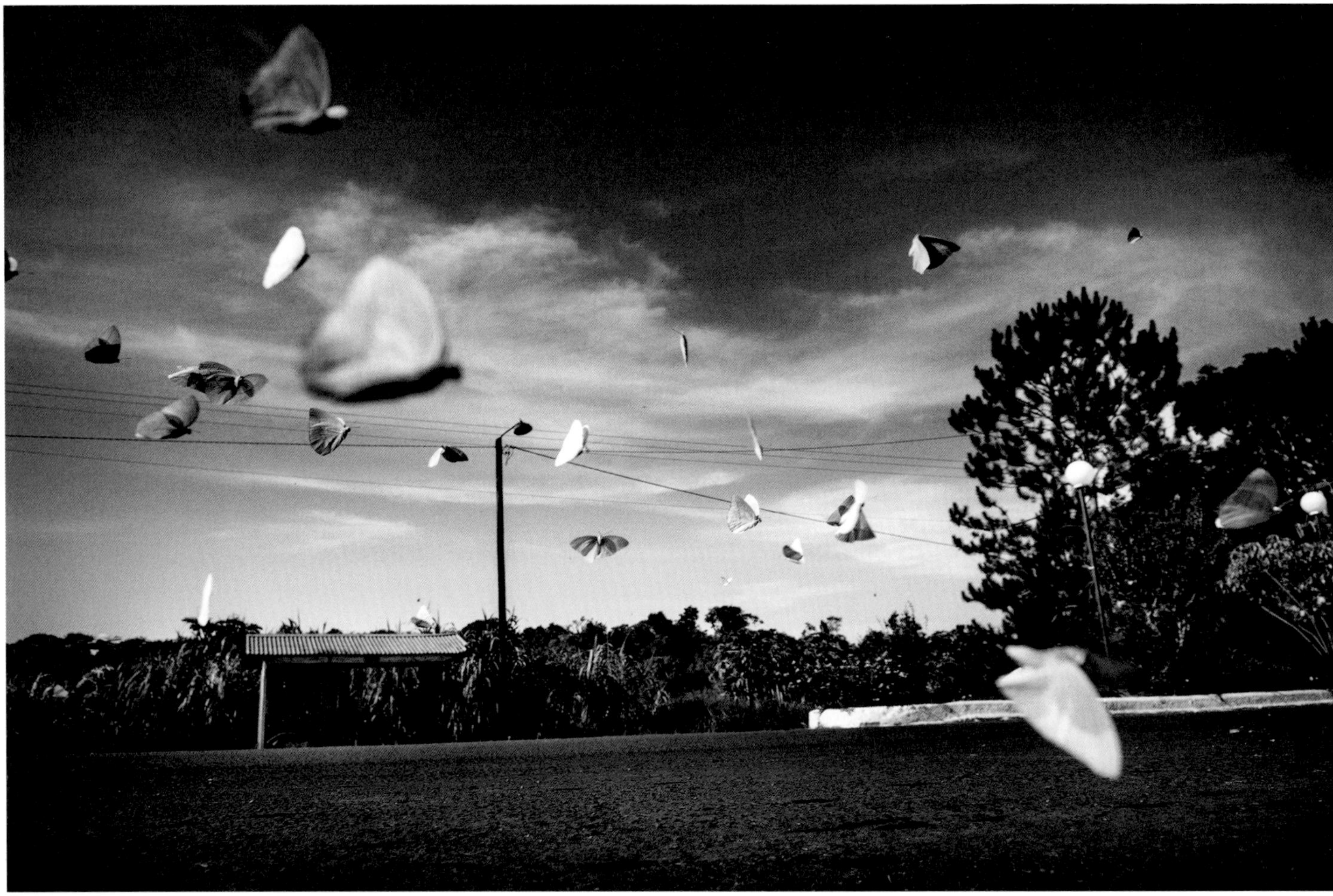

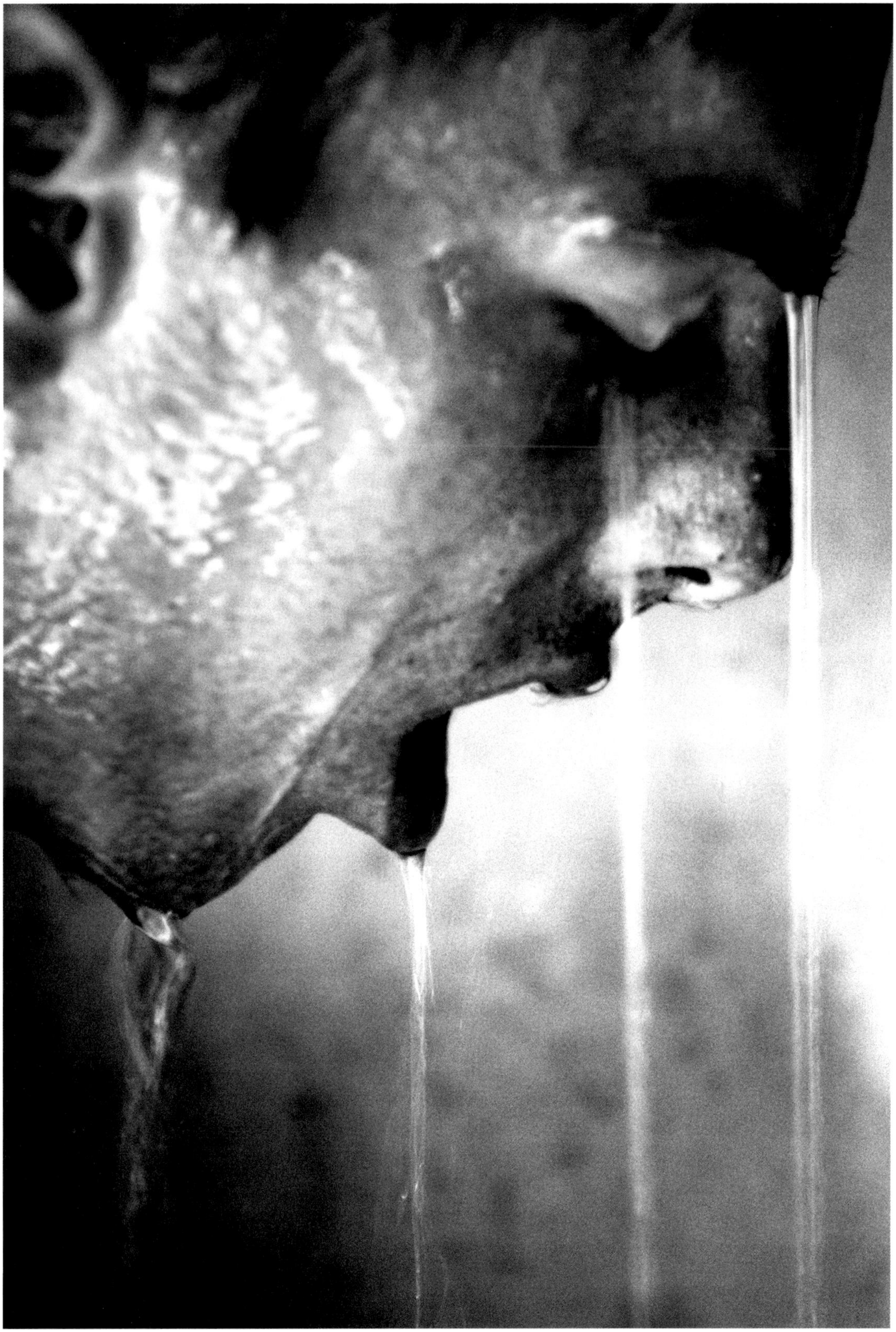

"SÓLO EXTRAÑAMOS LA DICHA DE TENER SALUD"
"WE JUST MISS THE HAPPINESS OF BEING HEALTHY"

Carlos Rodríguez

Darío Gotín tiene cinco hijos. Tres viven con él en Colonia Alicia, Misiones, una provincia argentina que limita con Paraguay y con Brasil. A Colonia Alicia se llega por una ruta provincial asfaltada, la número 2, separada por un par de kilómetros de la casa de la familia Gotín, instalada sobre un camino de tierra, intransitable cuando llueve. Ademir, de 20 años, uno de los hijos de Darío, tiene un severo retraso mental. Celia, su mamá, ya fallecida, estuvo en contacto directo con agrotóxicos durante el embarazo. "Los venenos del tabaco", dice Darío sobre el bromuro de metilo y otros químicos que se usan en las plantaciones en las que él trabajó durante tres décadas. El tabaco, desde siempre, y la soja transgénica, en los últimos tiempos, son los pilares de una economía que condena a los pobres al trabajo a destajo y en condiciones de precariedad absoluta.

Para la familia, Ademir es "Quico", por su parecido con el personaje de un programa destinado a los niños que es famoso en América Latina. Ademir se expresa con sonidos guturales, llorando, a los gritos o dándole largos abrazos a sus hermanas, a su padre, a toda persona que los visite.

Andrea, de 16 años, una de las hermanas de Ademir, aspiró bromuro de metilo por accidente cuando tenía ocho años. Puede hablar, pero casi no lo hace desde que enfermó. Necesita un trasplante de riñón, pero no encuentra donante compatible. Está obligada a hacerse diálisis tres veces por semana. Celia, la mamá, murió de un infarto a los 39 años, quebrada por la pena de ver enfermos a dos de sus hijos. Darío, a los 50, tiene una pensión por invalidez que no le alcanza. Cría gallinas, siembra mandioca y zapallos para sobrevivir. De todos modos sigue "plantando algo de tabaco para tener la obra social, obligado" por los dueños de la tabacalera en la que trabajó. No quiere internar a "Quico" y con su nueva pareja, y sus hijas, lo cuidan todo el tiempo.

Darío Gotín has five children. Three of them live with him in Colonia Alicia, Misiones, an Argentine province bordering Paraguay and Brazil. One can arrive to Colonia Alicia by the provincial paved route 2, a couple of kilometers away from the house of Gotín family, then, by a dirt road, which is impossible to pass when it rains. Ademir, 20 years old, one of Darío's children, suffers from severe mental retardation. Celia, his deceased mother, lived in continuous contact with agrochemicals during her pregnancy. "The poisons of tobacco", Darío says about methyl bromide and other chemicals used in plantations where he worked for three decades. Tobacco, and more recently transgenic soybean, are the pillars of an economy that condemns the poor to piecework and living in absolute precariousness.

The family calls Ademir "Quico", for his resemblance to the character of a children's program famous in Latin America. Ademir expresses himself with guttural sounds, crying, screaming or giving long hugs to his sisters, his father and to anyone who visits them.

Andrea, 16 years old, one of Ademir's sisters, accidentally ingested methyl bromide when she was eight. She can talk, but she has never spoken since she got sick. She needs a kidney transplant, but it is very difficult to find a compatible donor. She undergoes dialysis three times a week. Celia, the mother, died of a heart attack at the age of 39, broken from the pain of having two of her children sick. Darío, 50, lives on a disability pension that is not enough for him. He raises hens and plants cassava and squash to survive. He is still "planting some tobacco for his medical care; forced to" by the owners of the tobacco company where he worked. He does not want "Quico" to be admitted to a hospital,

"Toma cinco remedios por día, para tranquilizarlo, pero no se los damos siempre porque eso lo va a matar; se pone muy nervioso, grita mucho, pero lo cuidamos porque es nuestra familia". Se lamenta por ser "tan pobre" que no puede pagarle a alguien para que cuide de Ademir "algunas horas, para ir, por lo menos, a la iglesia" de su pueblo "para distraernos un poco, porque esta vida nos está matando".

El ángel de la guarda de "Quico" y de toda la familia Gotín es Andressa, la hermana menor, que tiene 17 años. Con su hermano se miran, se acarician con la mirada. Cuando es necesario, Andressa lo lleva a dar un paseo para calmarlo. El se deja llevar, se tranquiliza y vuelve a los abrazos interminables.

Darío confirma que Andressa es "el mejor sedante". El nombre Andressa es de origen inglés y significa "valiente, heroica". Ella es una heroína silenciosa, solidaria. Su mirada es dulce, con un toque de tristeza que se refugia en el fondo de sus ojos. La casa donde viven es modesta, pero el entorno es majestuoso, como la provincia de Misiones, coronada por el verde de su vegetación, que sobrevive tozudamente a la deforestación salvaje y al glifosato. El padre de familia cuenta la historia en un tono de voz suave, lento, lleno de dulzura.

Cuando habla, Darío mezcla el castellano de su país de adopción con el portugués de su infancia. Hace 50 años nació en el municipio de Antonio Cardoso, en el estado de Bahía, en Brasil. Dice que no extraña su tierra porque "la tengo acá al lado, cruzando el río" Uruguay, de manera que "no somos extraños a ninguno de los dos países, lo único que extrañamos es tener la dicha de estar sanos y de vivir un poco mejor, nada más que eso".

and his daughters and new partner take constant care of him.

"He has to take five medications per day to calm him, but we do not always give him them because they are going to kill him; he gets very nervous, he screams a lot, but we take care of him because he is our family." He regrets being "so poor" and unable to hire someone to care of Ademir "at least for a few hours, to go to church" in his town "only to pass time as this life kills us".

The whole Gotín family's guardian angel is Andressa, the younger sister, who is 17. With her brother they look tenderly at each other. Andressa takes him for a walk to calm him when necessary. He lets himself go, calms down and returns to the interminable hugs.

"The best sedative" is Andressa, Darío confirms. The name Andressa, of English origin, means "brave, heroic". She is a silent, supportive heroine. Her gaze is sweet, with a touch of sadness sheltered deep in her eyes. The house where they live is modest, but the environment is green of its vegetation, which stubbornly survives the wild deforestation and the glyphosate. The father tells their story in a soft, slow voice, full of sweetness.

When Darío speaks he mixes his adopted country's language, Spanish, with his childhood language, Portuguese. 50 years ago he was born in Antonio Cardoso district, in the state of Bahia, Brazil. He says he does not miss his land because "I have it here, across the Uruguay river", so that "we are not strangers in the two countries; the only thing we miss is the happiness of being healthy and living a little better, nothing more than that."

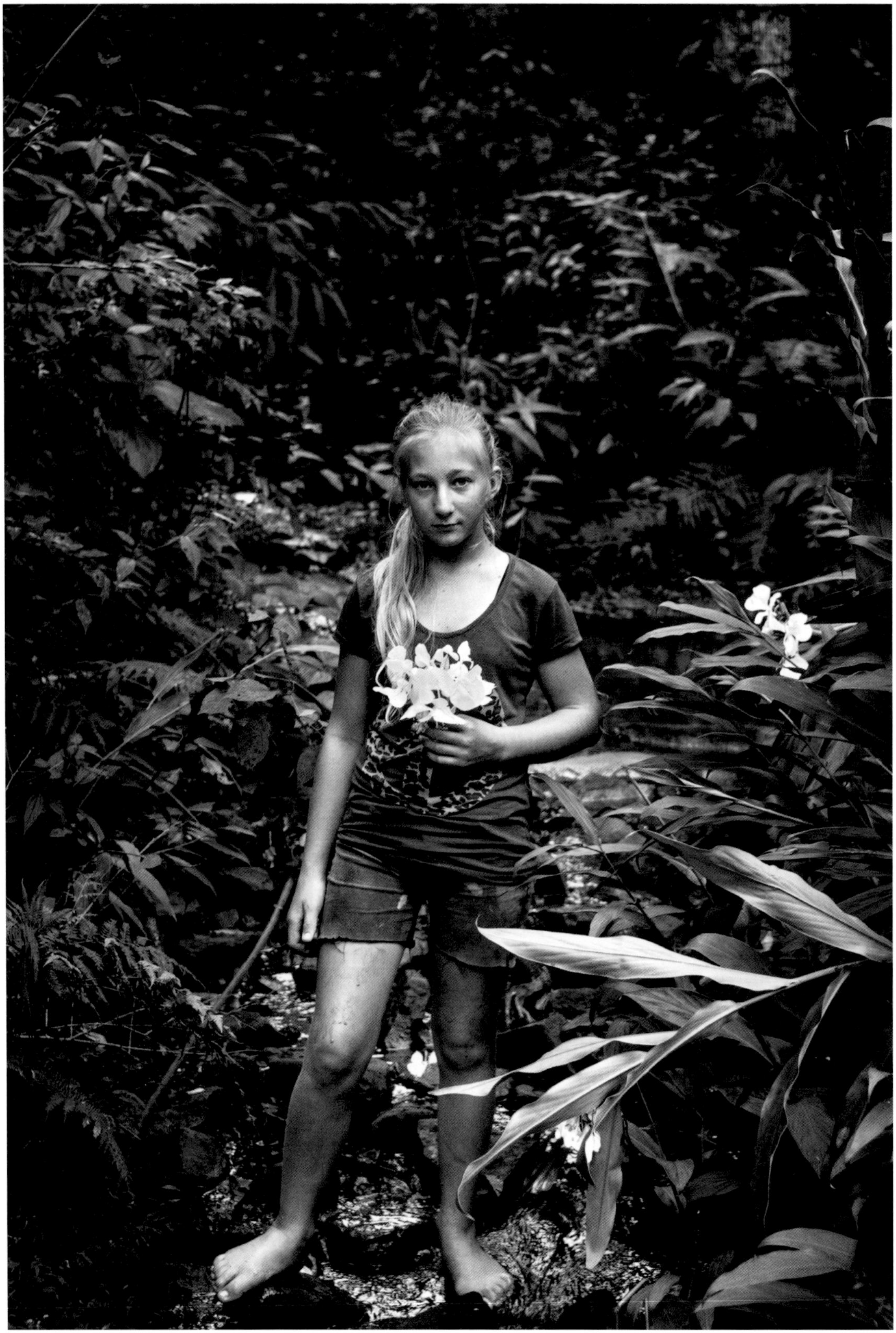

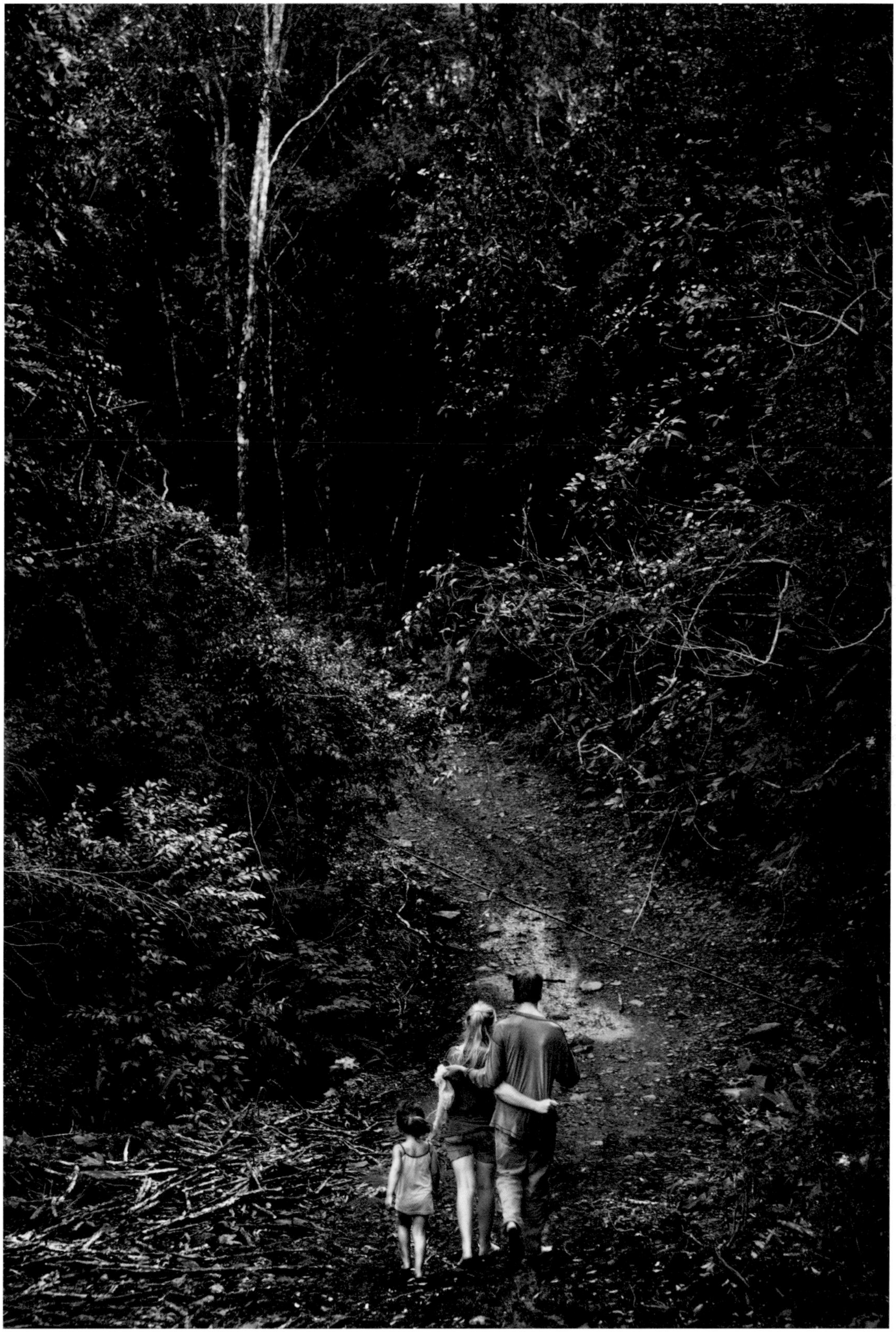

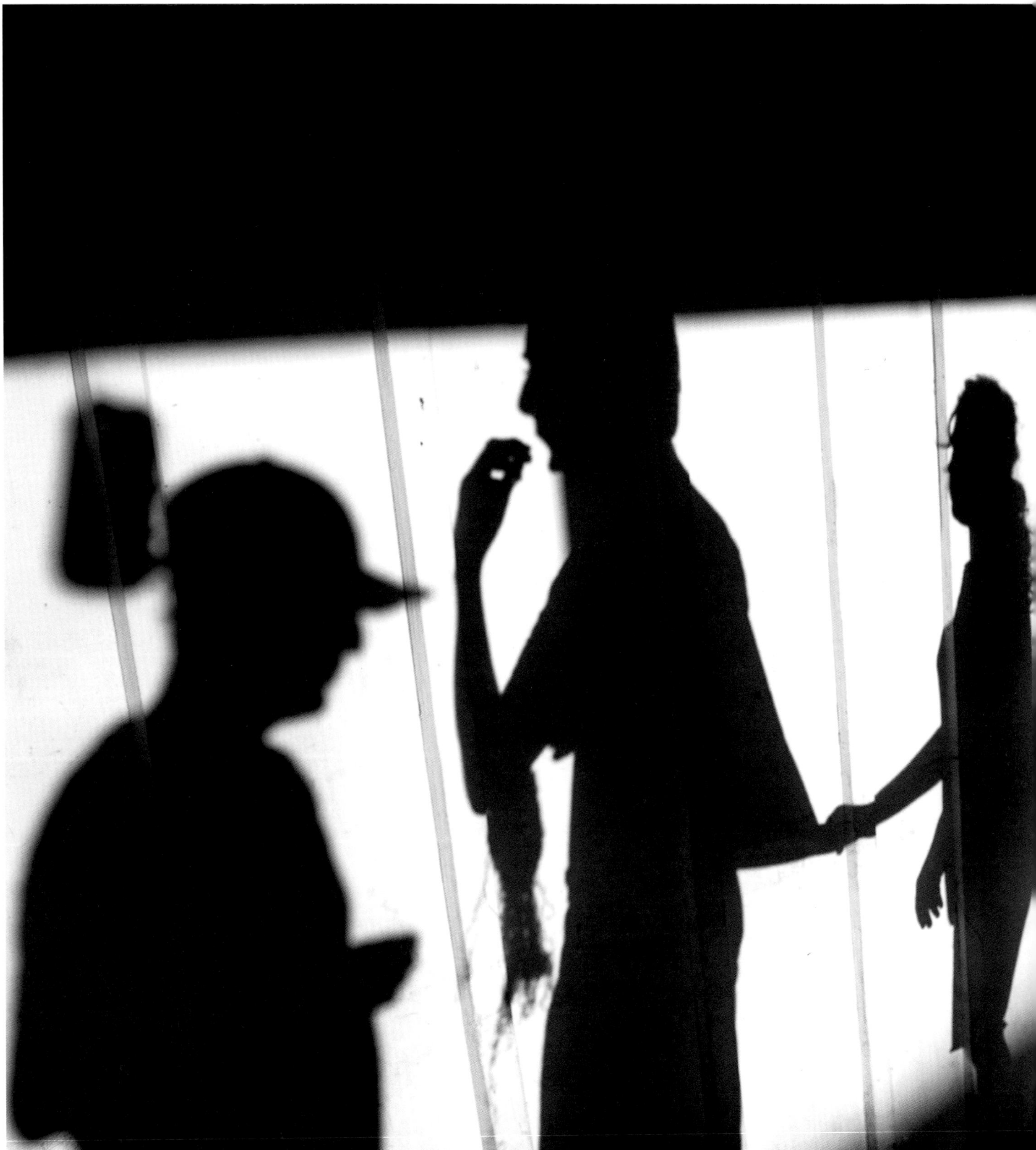

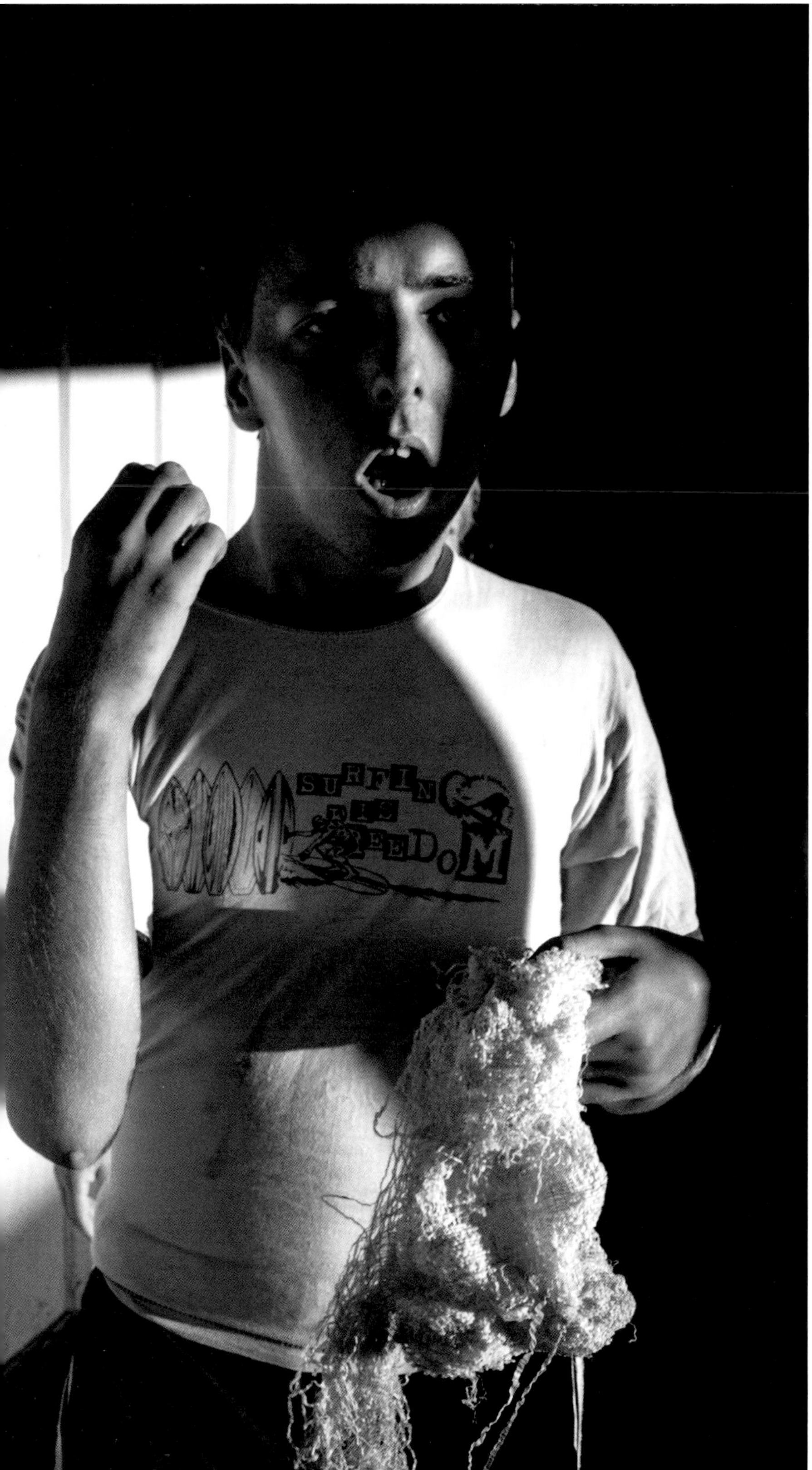
SURFING

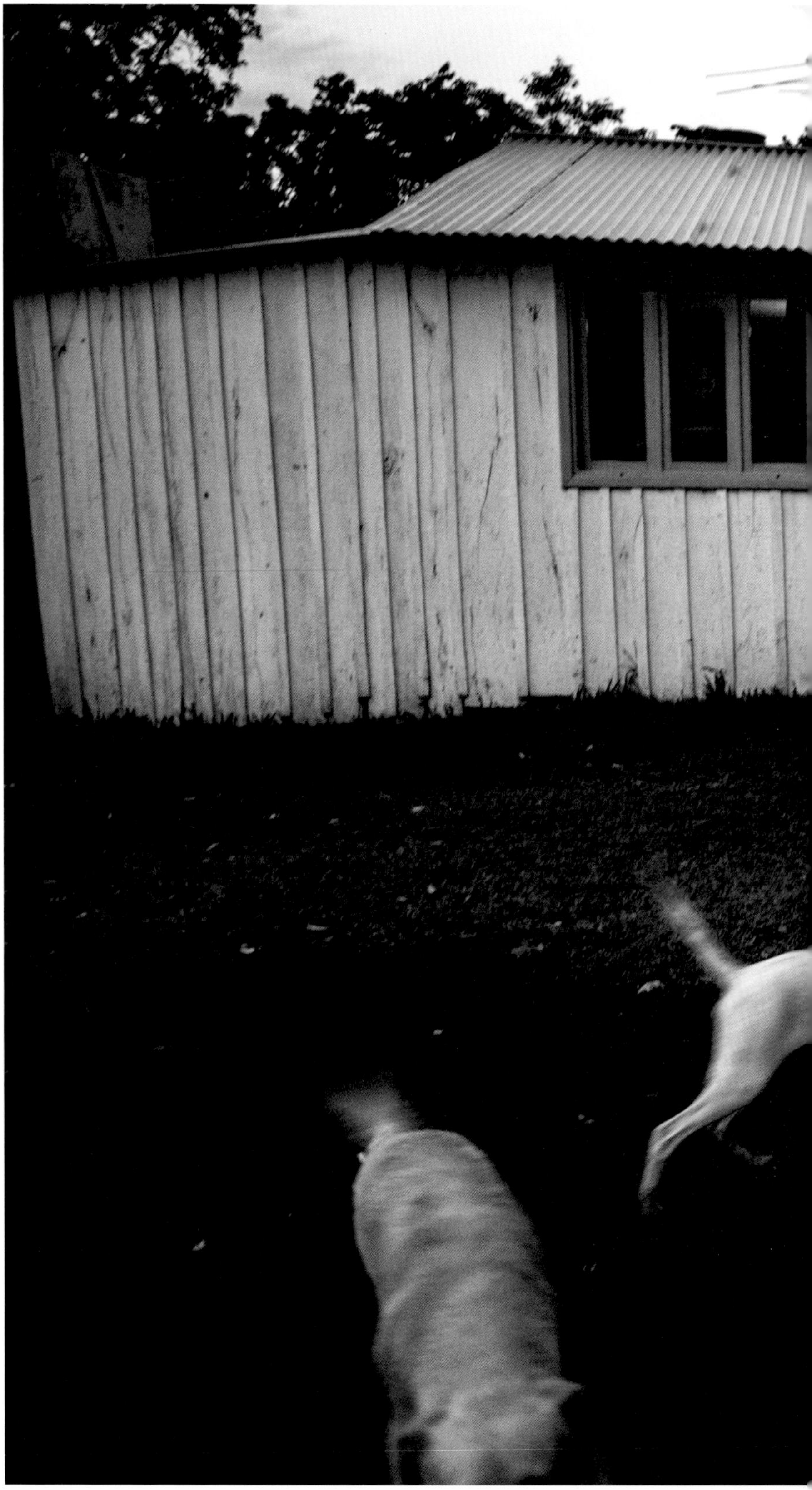

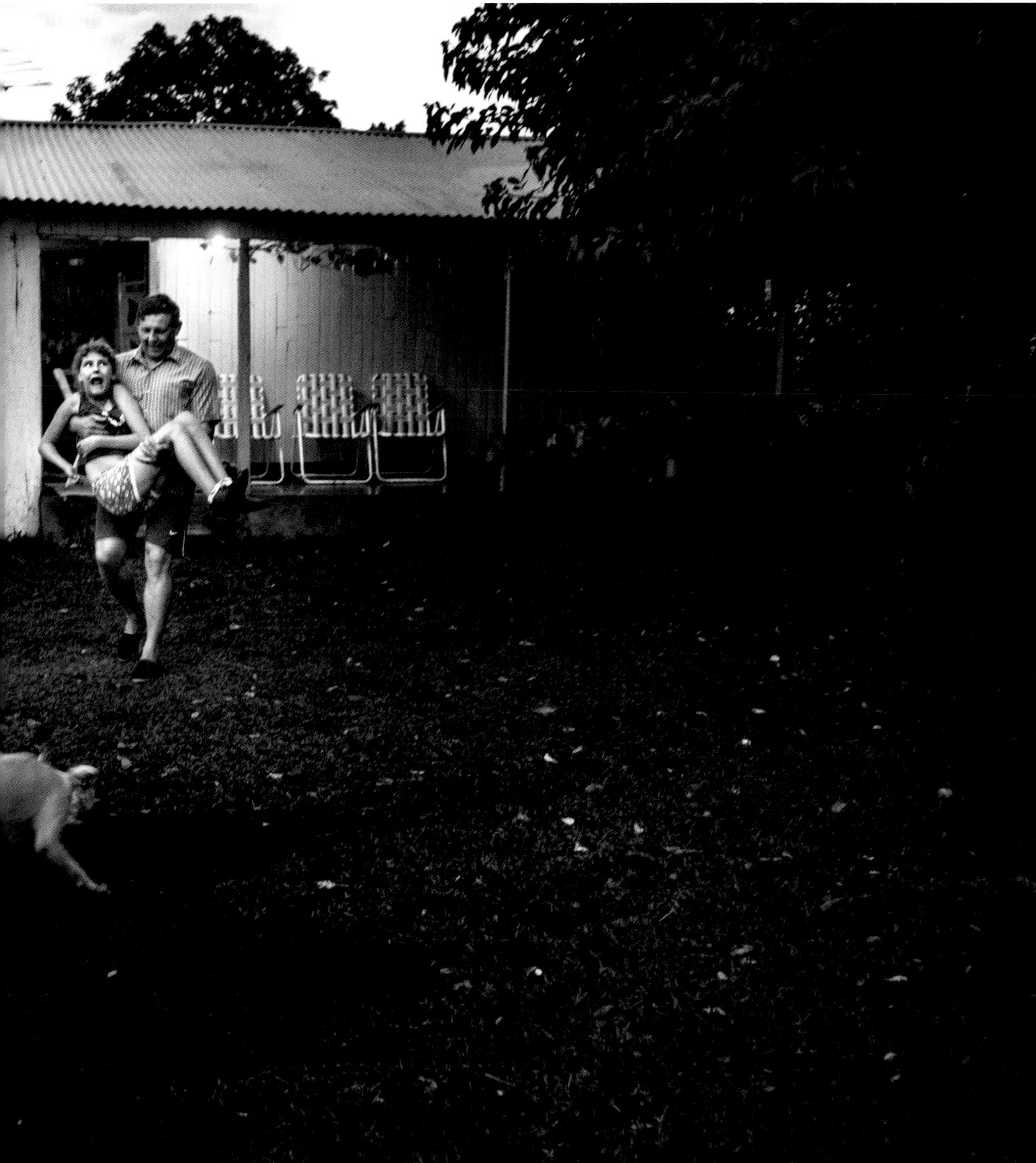

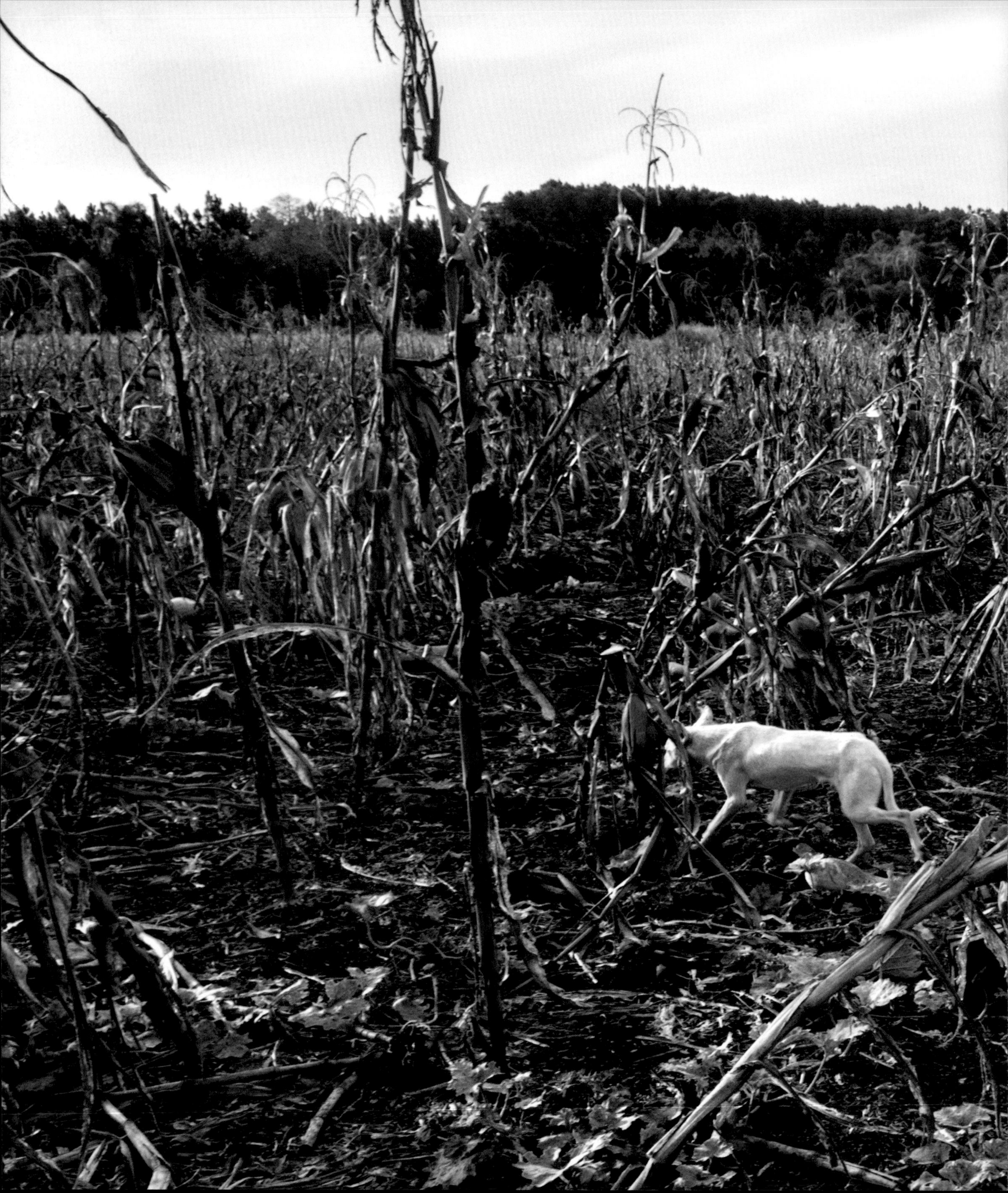

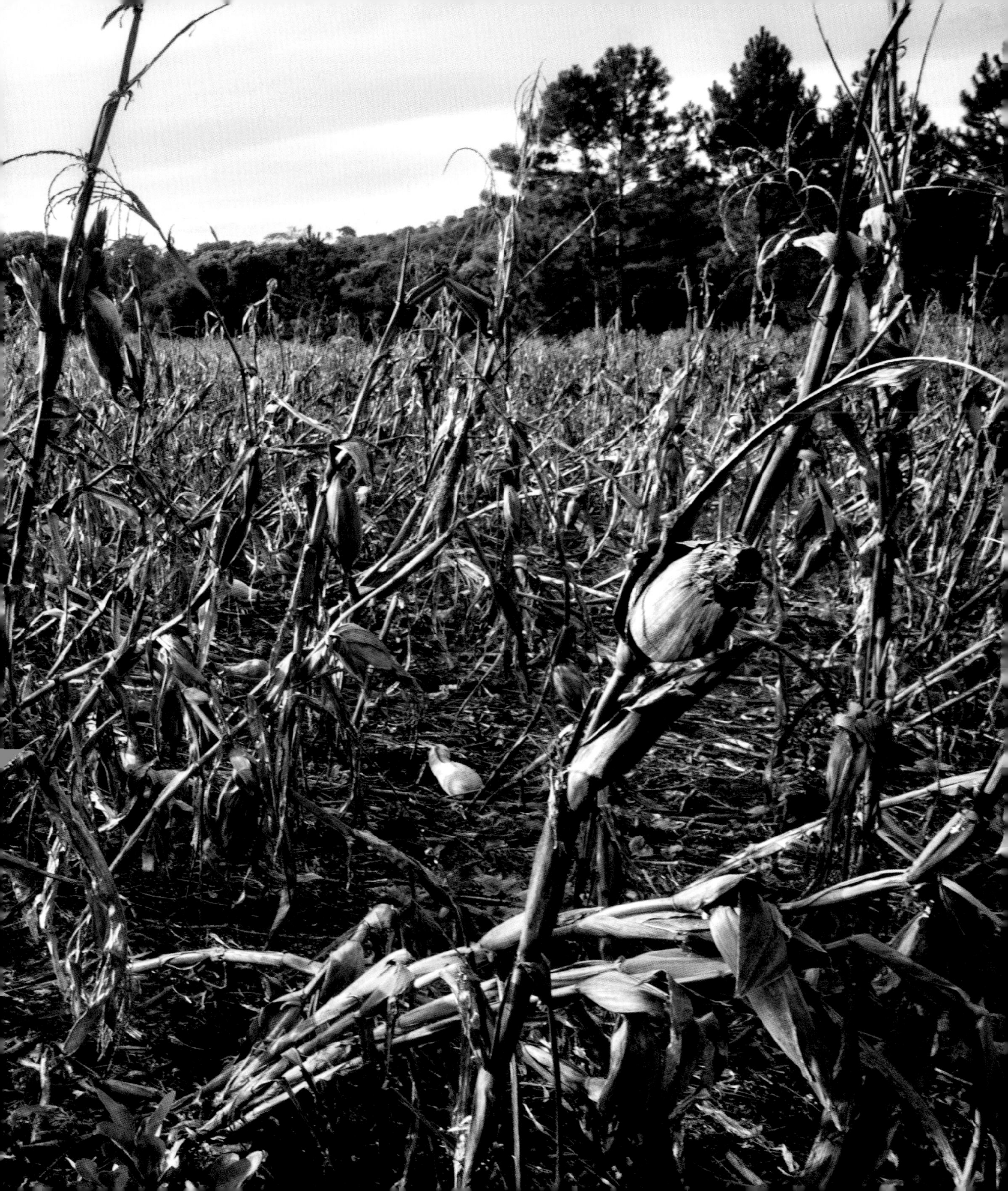

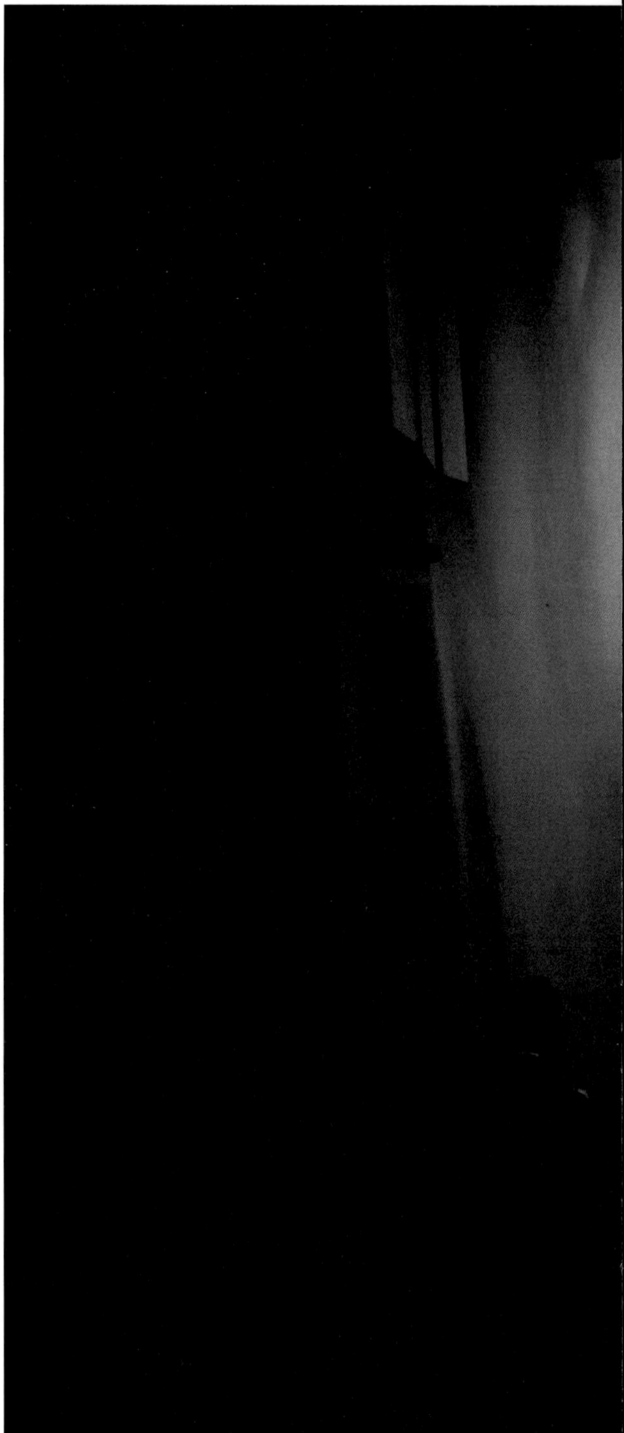

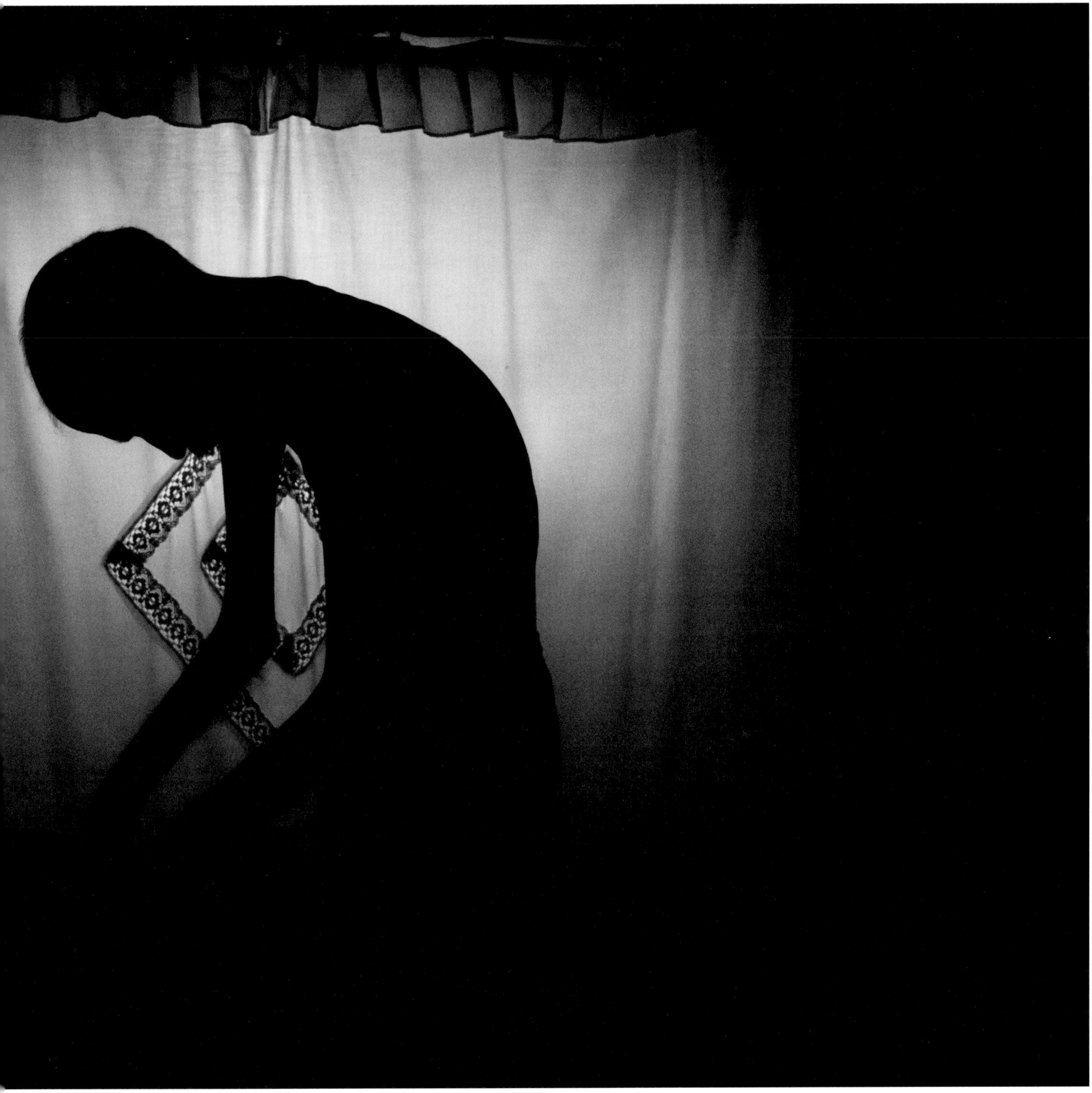

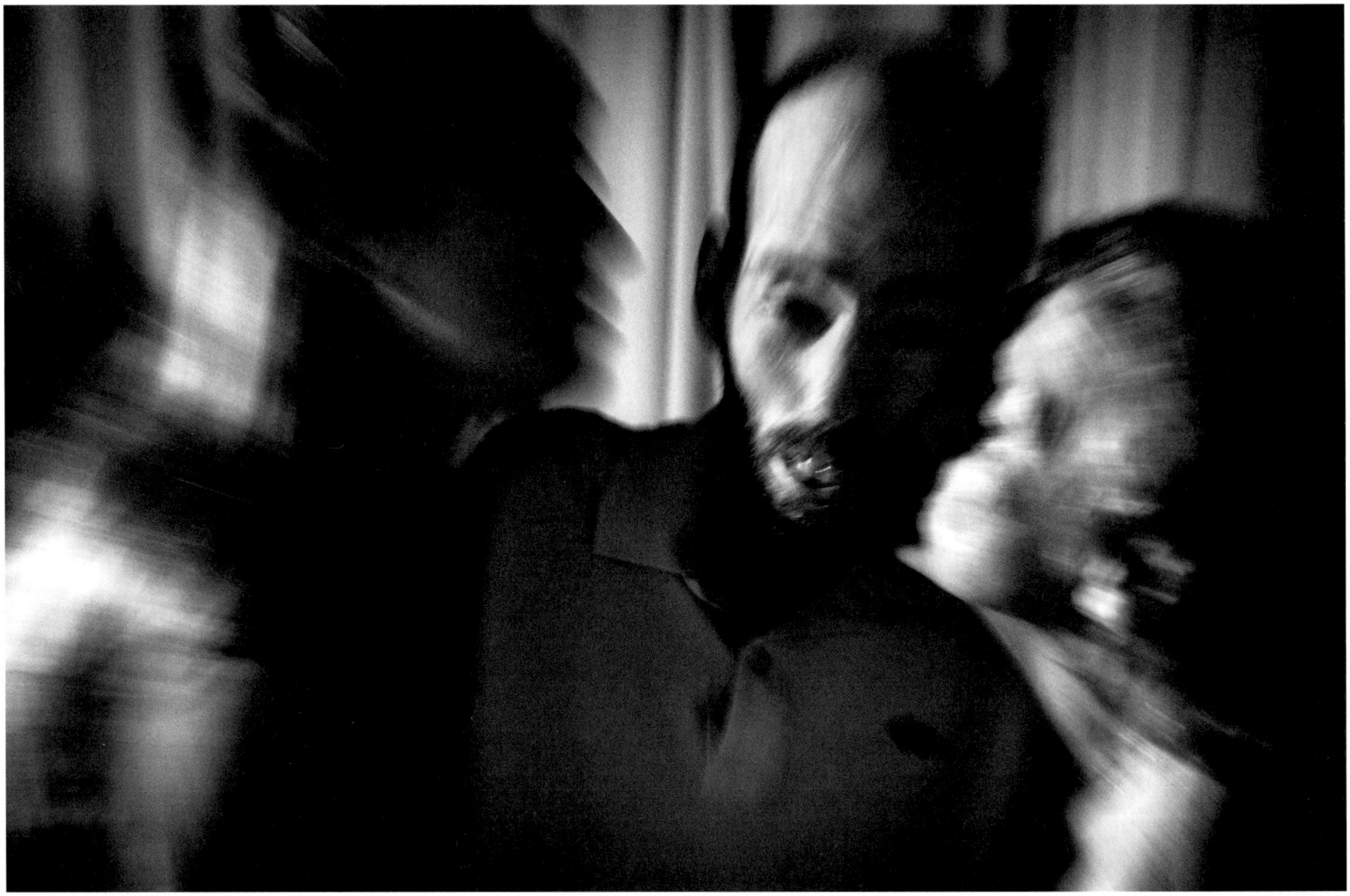

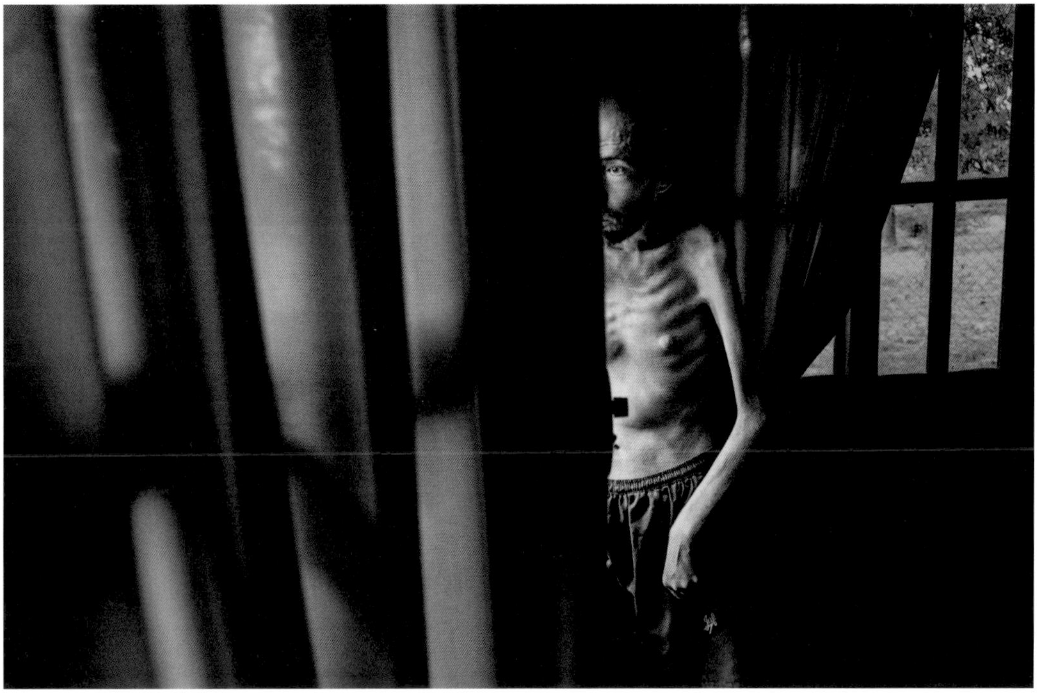

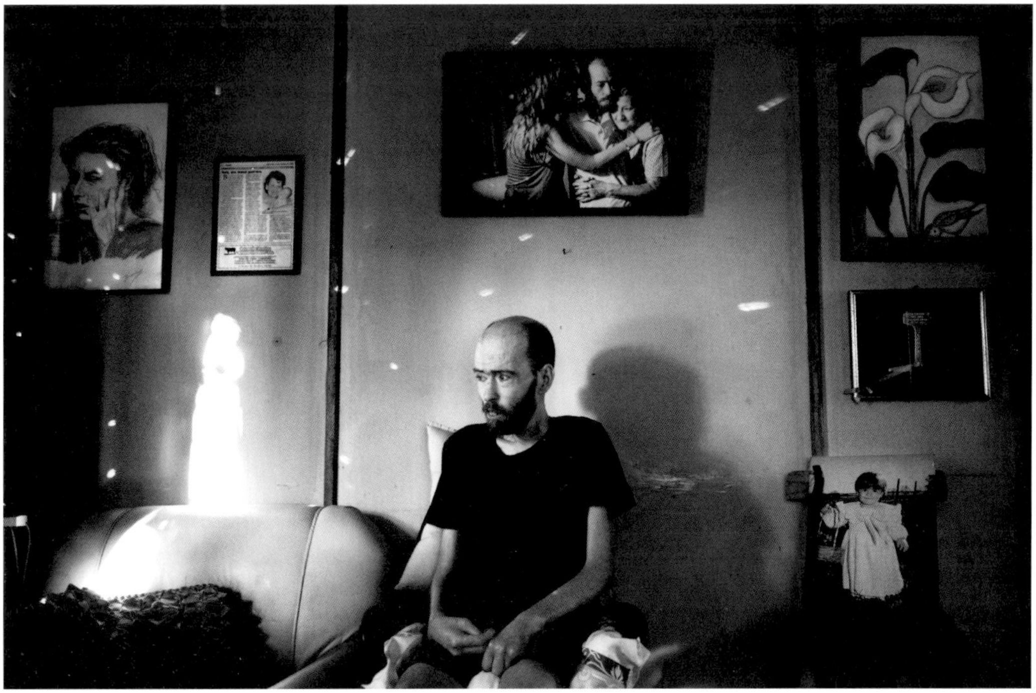

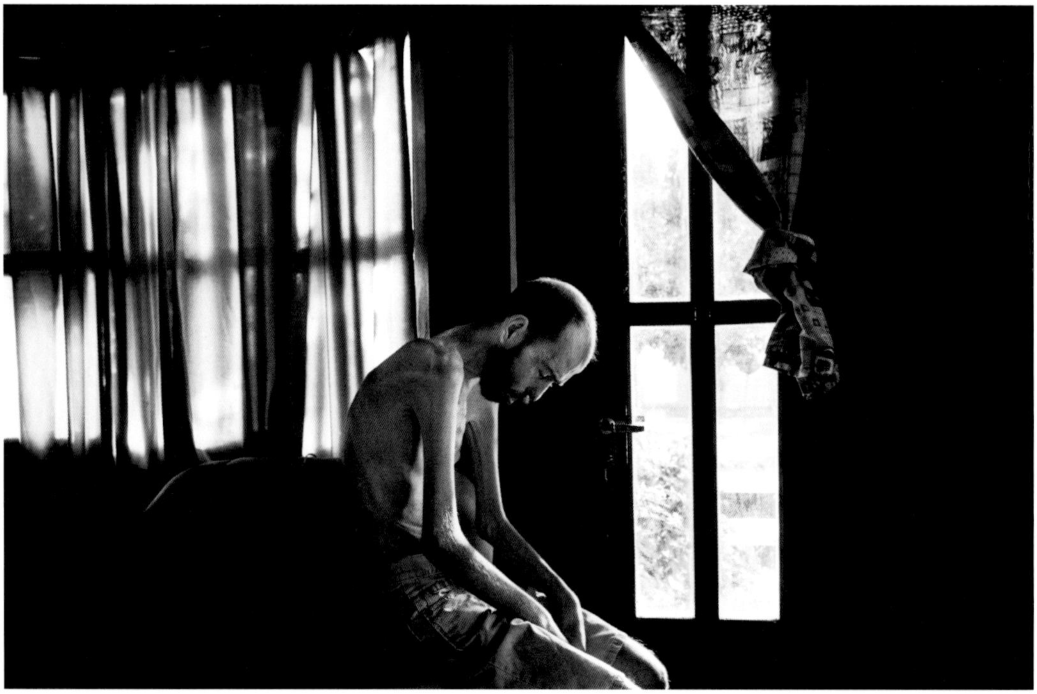

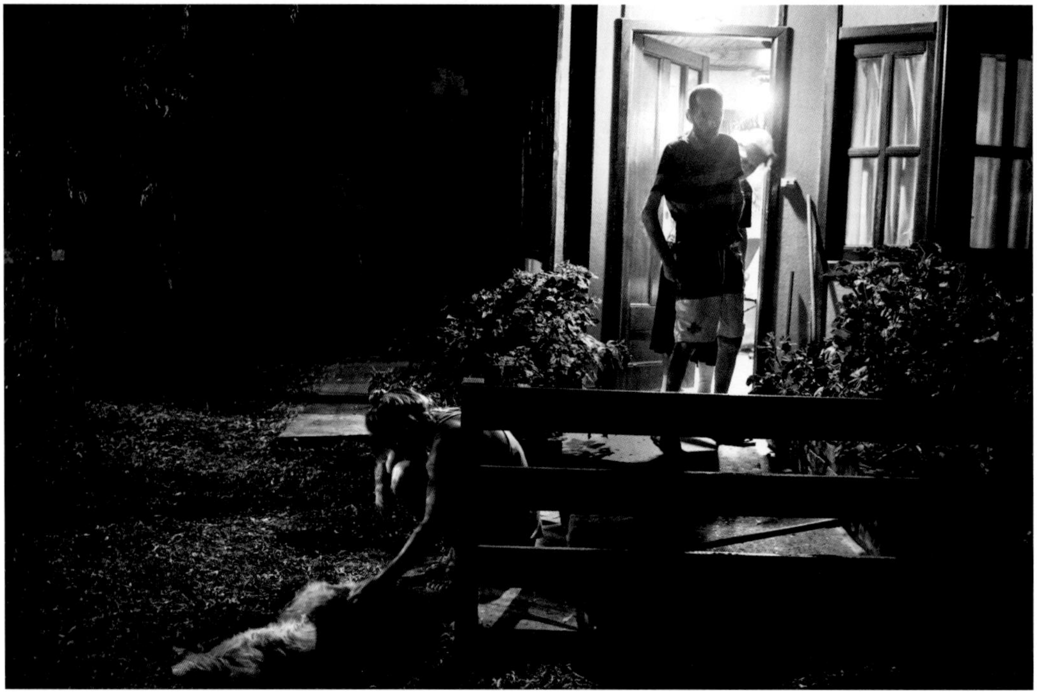

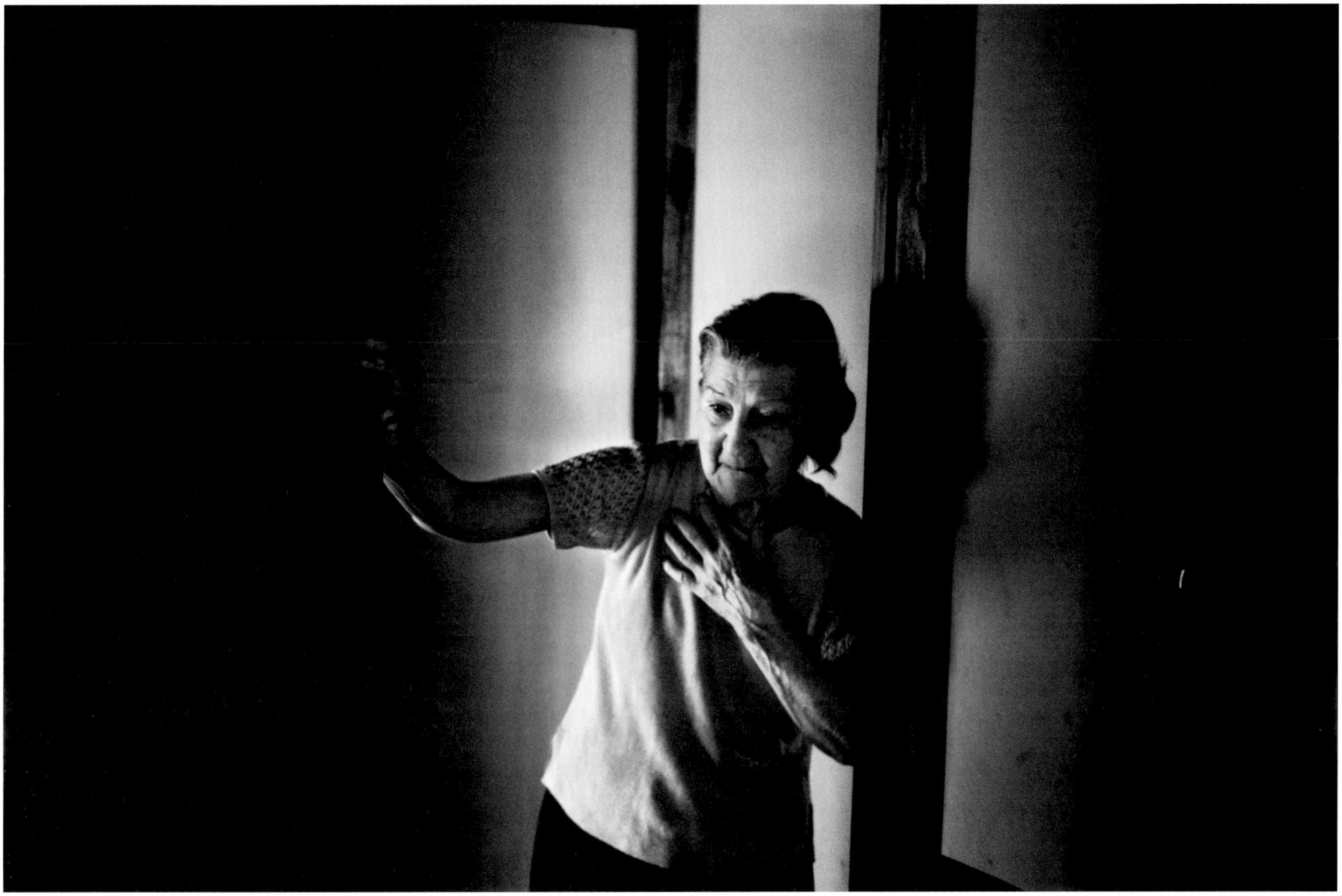

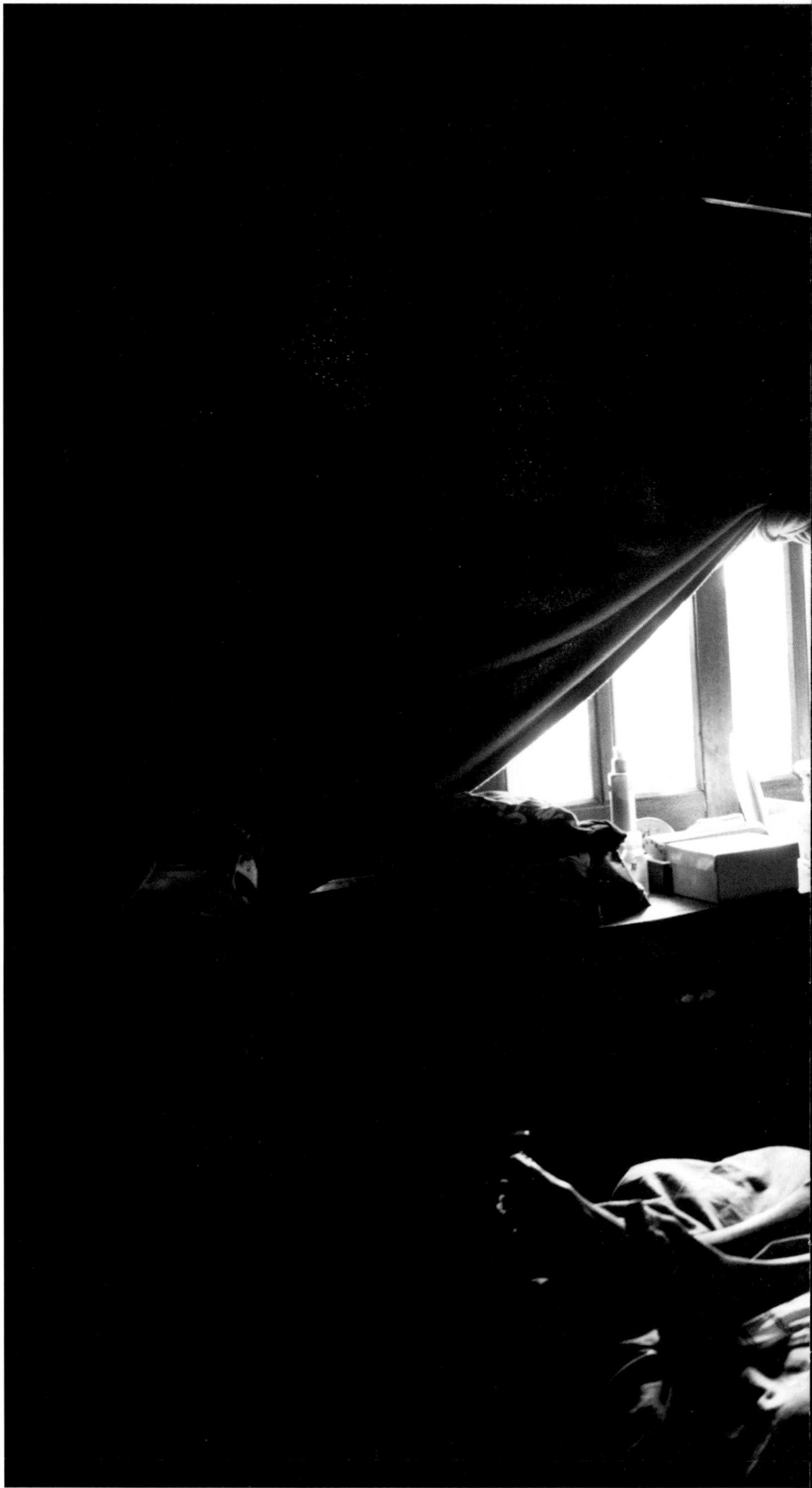

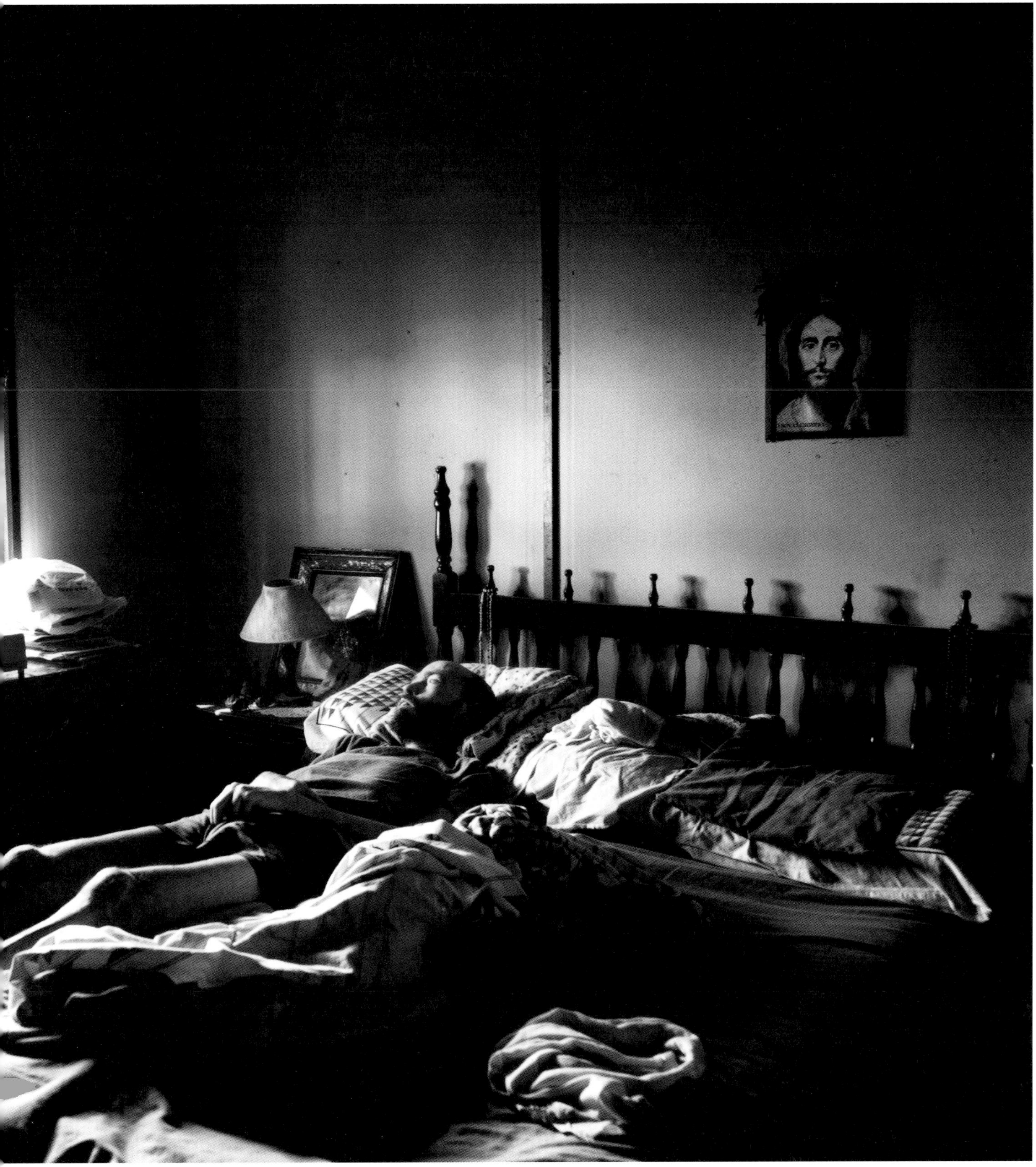

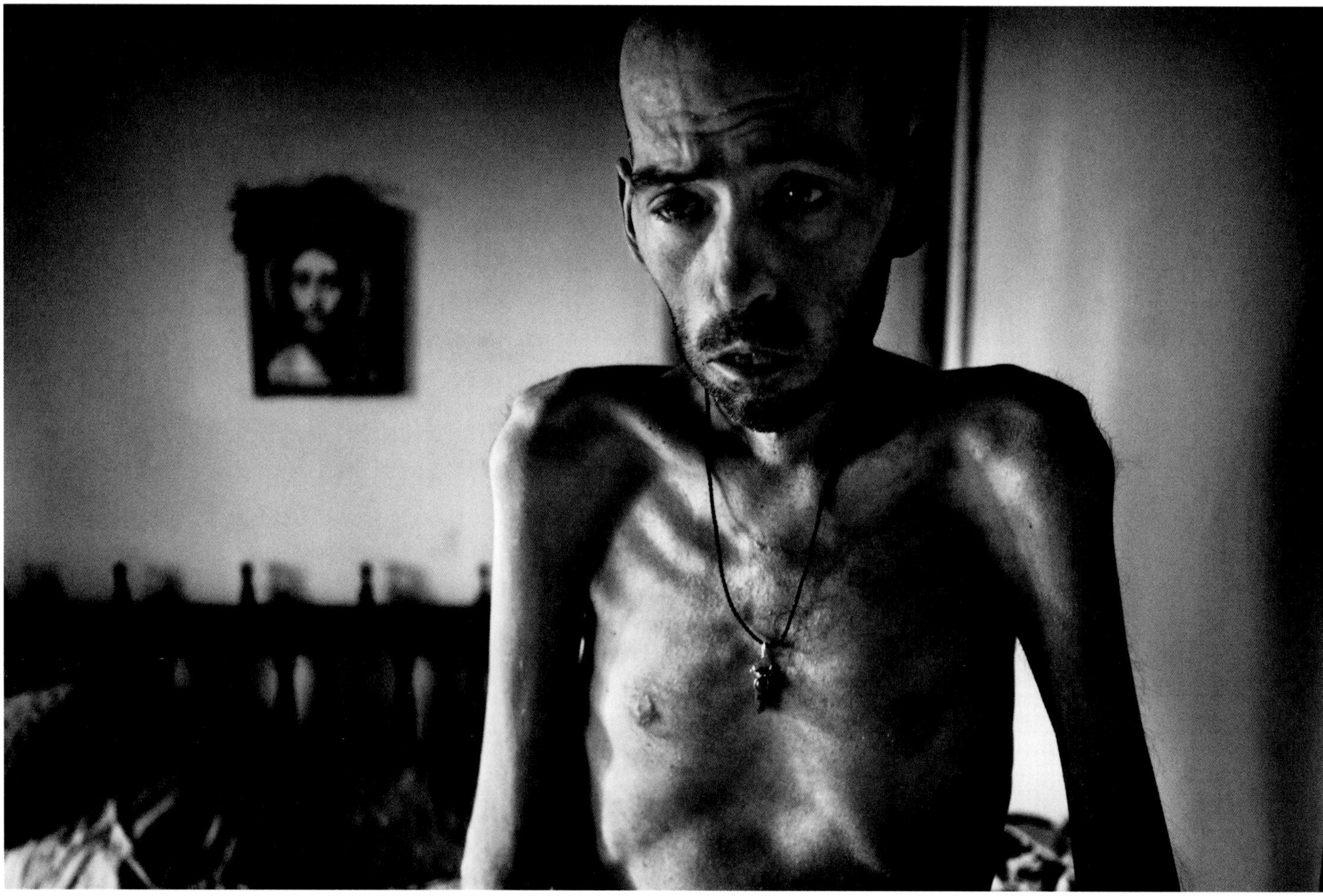

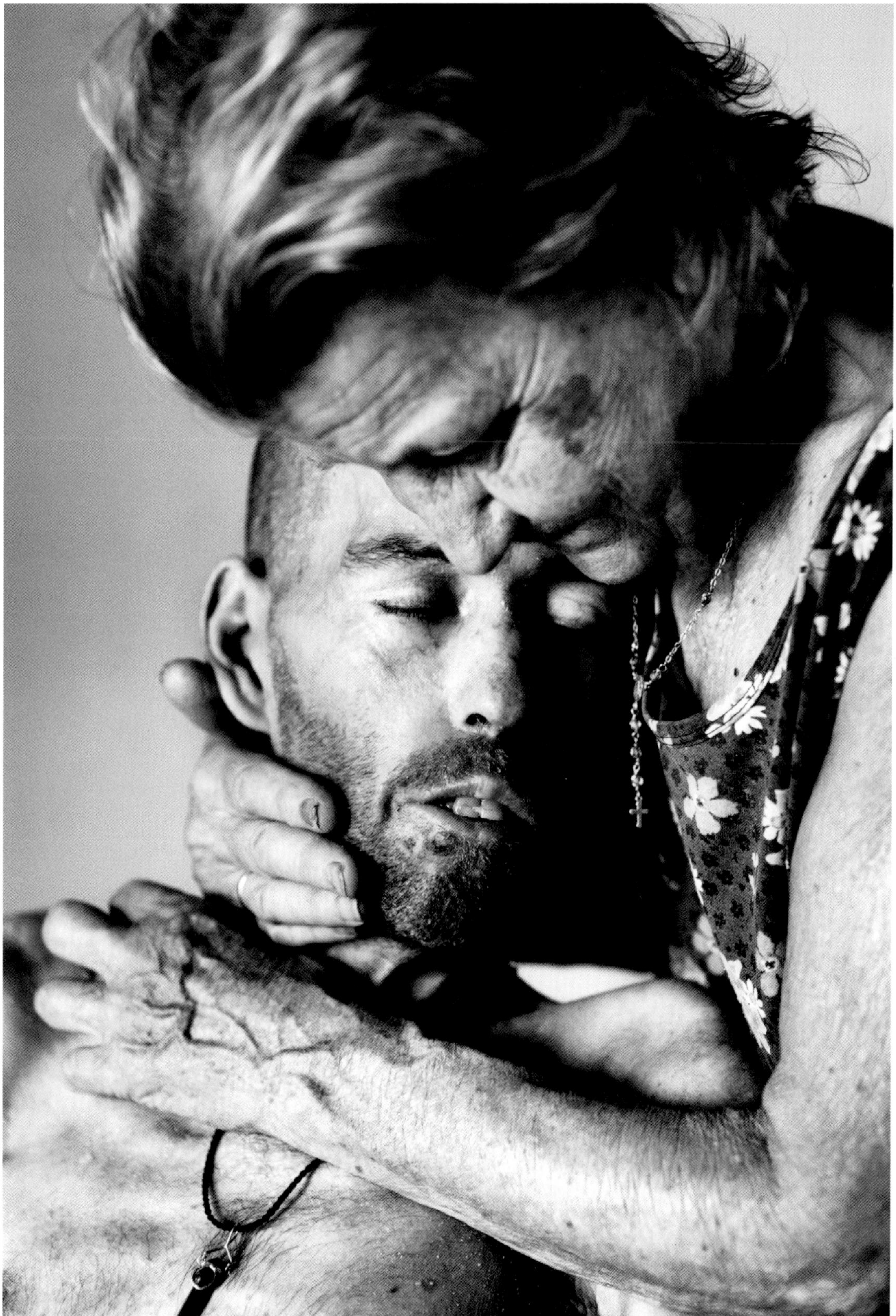

ENTREVISTA CON FABIÁN TOMASI
INTERVIEW WITH FABIÁN TOMASI

Jan-Christoph Wiechmann

Fabián, ¿cómo estás?
Estoy sintiendo que todo está llegando a su fin. Los médicos dijeron que tendría seis meses de vida y los he convertido en diez años. Pero ahora me estoy debilitando día a día. Mi madre y mi hija me tienen que dar de comer. No puedo hacerlo yo mismo. No tengo fuerzas para mover mi brazo. Mis pulmones están fallando. Mis músculos han desaparecido. Pero todavía puedo hablar contigo.

¿Estás tomando alguna medicación?
No, no tomaré la medicación de empresas que duden de mi enfermedad causada por los agrotóxicos. Algunos de ellos ganan mucho dinero vendiendo productos químicos que causan cáncer. Y luego hacen mucho dinero tratando el cáncer con quimioterapia. Qué modelo de negocio tan hipócrita.

¿Cómo comenzó todo?
Trabajé para la compañía agrícola Molina en mi ciudad natal, Basavilbaso. Los tíos de mi madre también trabajaban allí. Yo estaba a cargo de reabastecer los aviones con todo, desde el DDT hasta el glifosato. Me encantan los aviones, por eso quería trabajar allí.

En algún momento tuve dificultad para respirar. Me diagnosticaron neuropatía tóxica. Es la misma enfermedad que muchos fabricantes de zapatos solían tener. Parte de ello fue mi culpa ya que no quería usar ningún equipo de protección.

¿Por qué no?
Es insoportablemente caluroso en el verano con una temperatura de 50 grados Celsius. Pero tampoco nadie nunca

Fabián, how are you?
I am feeling it's all coming to an end. The doctors said I would have six months to live and I have turned it into ten years. But now I am getting weaker by the day. My mother and daughter are feeding me. I can't do it myself. I don't have the strength to move my arm. My lungs are failing. My muscles have disappeared. But I can still talk to you.

Are you taking any medicine?
No, I won't take the medicine of companies that doubt my disease, caused by *agrotóxicos.* Some of them make a lot of money selling chemicals that cause cancer. And then they make a lot of money treating cancer with chemotherapy. What a hypocritical business model.

How did it all start?
I worked for the agro-company Molina in my hometown Basavilbaso. My mother's uncles also worked there. I was in charge of refilling the planes with everything from DDT to glyphosate. I loved planes; that's why I wanted to work there.

At some stage I had a hard time breathing. They diagnosed me with toxic neuropathy. It is the same disease many shoemakers used to get. Part of it was my fault, I didn't want to wear any protective gear.

Why not?
It is unbearably hot in the summer—50 degrees Celsius. But nobody ever told me to wear any gear either. The company didn't care.

me dijo que utilizara algún equipo de protección. A la compañía no le importaba.

¿Qué pasó después?
Dejé de trabajar de inmediato. Ya no les servía de nada. Mientras tanto, los hermanos Molina habían muerto, casualmente ambos de cáncer.

Tu mundo debe haberse partido.
Siempre fui un tipo afortunado, padre de una hermosa hija, siempre hacía bromas, era un tipo feliz y no me preocupaba por mi salud. Todo eso llegó a su fin. Hoy soy un paria. Soy el loco que se envenenó con agrotóxicos. Sólo los niños vienen a visitarme. Ellos quieren tocar a este tipo con las piernas divertidas y pies amarillos y el cuerpo frágil.

¿Sos el único?
No, pero el único que parece tan extraño. Hay tantas víctimas en mi ciudad... Recién me di cuenta cuando me envenené: no estoy solo. Muchos trabajadores luchan con enfermedades que van desde cáncer de estómago hasta problemas pulmonares.

¿Y entonces?
Me convertí en un activista. Me informé. Me eduqué a mí mismo. Me convertí en un "profesor del campo". Y comencé a mirar el mundo de otra manera. ¿Qué le está pasando a este país? ¿A mi ciudad? Solía tener todo tipo de cultivos, vegetales. Y de repente todo era soja, todo maíz, monocultivos. Todo está genéticamente modificado y muy rociado con herbicidas e insecticidas. Vos podés verme en un estado débil aquí en el hospital en mi lecho de muerte, pero yo solía ser un luchador.

What happened then?
I stopped working right away. I was of no use to them any more. In the meantime both Molina brothers died, both from cancer.

Your world must have come apart.
I was always a happy-go-lucky guy, father of a beautiful daughter, always making jokes; I was a happy fellow and didn't really worry about my health. That all came to an end. Today I'm a pariah. I'm the crazy guy who got poisoned with *agrotóxicos.* Only the children come and visit me. They want to touch this guy with the funny legs and the yellow feet and the frail body.

You are the only one?
No, but the only one who looks so strange. There are so many victims in my town. Only when I got poisoned did I realize: I'm not alone. A lot of workers struggle with diseases ranging from stomach cancer to lung problems.

And then?
I became an activist. I informed myself. I educated myself. I became a *"profesor del campo"*. And I started to look at the world differently. What is happening to this country? To my town? It used to have all kinds of crops and vegetables. And suddenly it was all soybean, all corn; monocultures. Everything is genetically modified and heavily sprayed with herbicides and insecticides. You might see me in a weak state here in the hospital on my deathbed but I used to be a fighter.

You still sound like a fighter.
There is nothing more precious than the truth. We live in

Todavía parecés un luchador.
No hay nada más precioso que la verdad. Vivimos en un mundo de mentiras y manipulación y las grandes empresas tienen un poder enorme para cambiar la verdad. Por eso es tan importante hacerlos responsables.

Monsanto, Bayer...
Es un cartel, la industria y los políticos. Siempre hablan de empleo —puestos de trabajo— y de esta manera todo el mundo está de acuerdo. Pero, ¿qué tipo de trabajos son éstos? ¿Y qué hicieron con este hermoso y diverso paisaje? Ahora todo es monocultivo y las máquinas masivas matan a todos los insectos y pájaros y mariposas, incluso los aviones que rocían el veneno desde arriba. No puedo creer que la generación más inteligente de seres humanos que haya existido haya abandonado nuestros valores.

La industria dice que no es perjudicial para los seres humanos...
Nadie sabe cómo estos millones de toxinas que se hunden en el suelo están afectando nuestra salud. No hay estudios a largo plazo. Científicos de la Universidad de La Plata visitaron Basavilbaso. Encontraron el veneno en nuestra agua y en el aire. Aquí en Argentina fuimos siempre un laboratorio de negocios agrícolas y una industria química desde que Monsanto entró en el país bajo circunstancias sospechosas en el año 1996. Ahora hay miles de víctimas.

Trabajadores como vos.
Familias enteras. Ha habido tantas muertes. Tomemos el caso del joven Nicolas Arévalo de Corrientes. Murió después de ser envenenado con Endosulfan. Hubo un juicio,

a world of lies and manipulation and the big companies wield enormous power to twist the truth. That's why is it so important to hold them accountable.

Monsanto, Bayer...
It is a cartel, the industry and politicians. They always talk of *empleo*—jobs—and thus everybody falls in line. But what kind of jobs are these? And what did they do to this beautiful diverse landscape? Now it all just monoculture and all the bugs and birds and butterflies are killed by massive machines; planes that spray the poison from above. I can't believe that the most intelligent generation of human beings that ever existed has forsaken our values.

The industry says it is not harmful to humans...
Nobody knows how these millions of toxins that sink into the ground are affecting our health. There are no long-term studies. Scientists from the University La Plata visited Basavilbaso. They found the poison in our water and in the air. Here in Argentina we were the laboratory for agribusiness and the chemical industry ever since Monsanto entered the country under suspicious circumstances in 1996. Now there are thousands of victims.

Workers like you.
Whole families. There have been so many deaths. Take the case of young Nicolas Arévalo from Corrientes. He died after being poisoned with endosulfan. There was a trial but the farmer was acquitted. I always wonder: What do these scientists and managers at Monsanto and other companies tell their children? "I developed poisons for chemical companies and people died"?

pero el agricultor fue absuelto. Siempre me pregunto: ¿Qué le dicen estos científicos y gerentes de Monsanto y otras compañías a sus hijos? ¿"Yo desarrollé venenos para las compañías químicas y la gente murió"?

¿Qué podés hacer vos excepto protestar y educar a los demás?
Si tuviera la fuerza los llevaría a los tribunales, pero este país es corrupto. La industria y los políticos están encamados el uno con el otro. No se puede ganar, no de manera legal. Es preocupante: todos en mi ciudad están en contra de lo que está sucediendo, pero siguen trabajando para los grandes negocios. Si usted tiene una familia va a hacer todo lo necesario para ganar dinero.

¿Qué han hecho los medios para destapar estas cuestiones?
Los grandes medios forman parte del problema. Obtienen dinero publicitario del gobierno y de la industria agrícola. Y el lobby envía sus candidatos al Congreso. Es un sistema perfecto.

Seguís teniendo sentido del humor.
Me gusta bromear. El sarcasmo es una forma de protegerme de la inevitable verdad de que estoy muriendo. Me mantiene vivo. Hoy desenchufé la máquina sólo para jugar un truco con las enfermeras. Todas ellas vinieron corriendo a mi cama.

What can you do except protesting and educating others?
If I had the strength I would take them to court, but this country is corrupt. The industry and politicians are in bed with each other. You can't win, not the legal way. It is disturbing: Everybody in my town is against what is happening but they keep working for big business. If you have a family you do anything to make money.

What has the media done to uncover these issues?
Big media is part of the problem. They get advertising money from the government and agribusiness. And the lobby sends its candidates into Congress. It is a perfect system.

You have kept your sense of humor.
I like to joke around. Sarcasm is a way to protect me from the inevitable truth that I am dying. It keeps me alive. Today I unplugged the machine just to play a trick with the nurses. They came rushing to my bed.

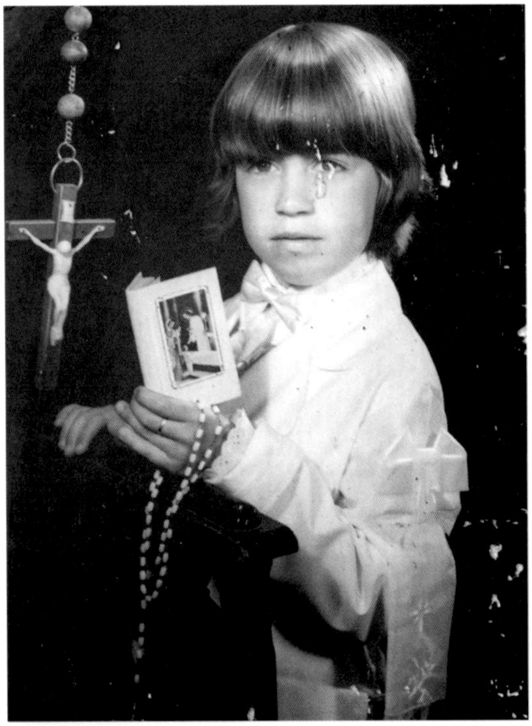

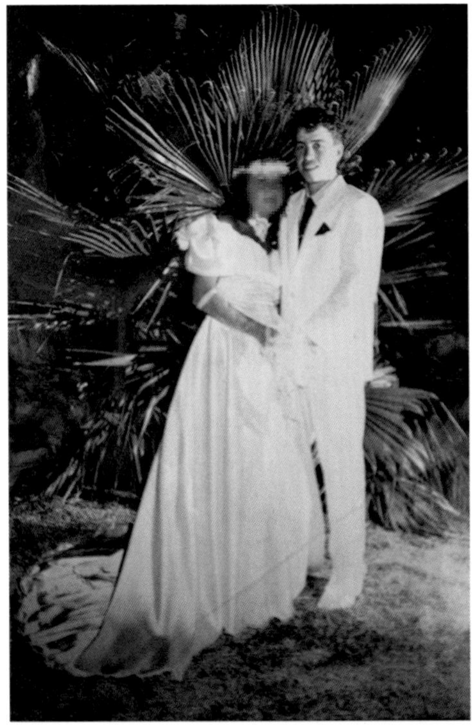

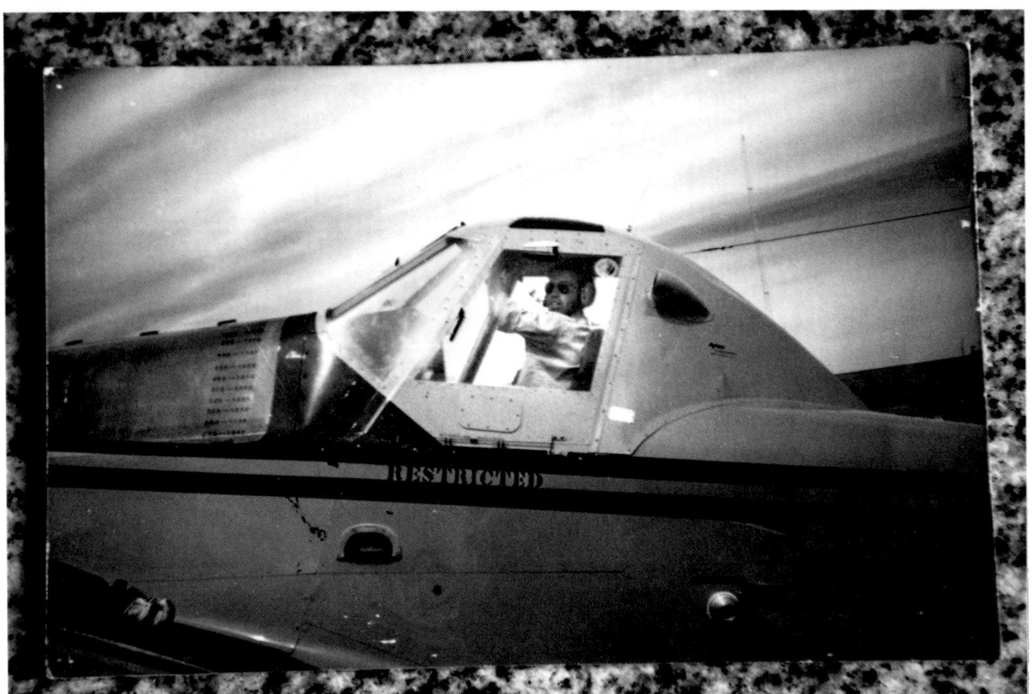
RESTRICTED

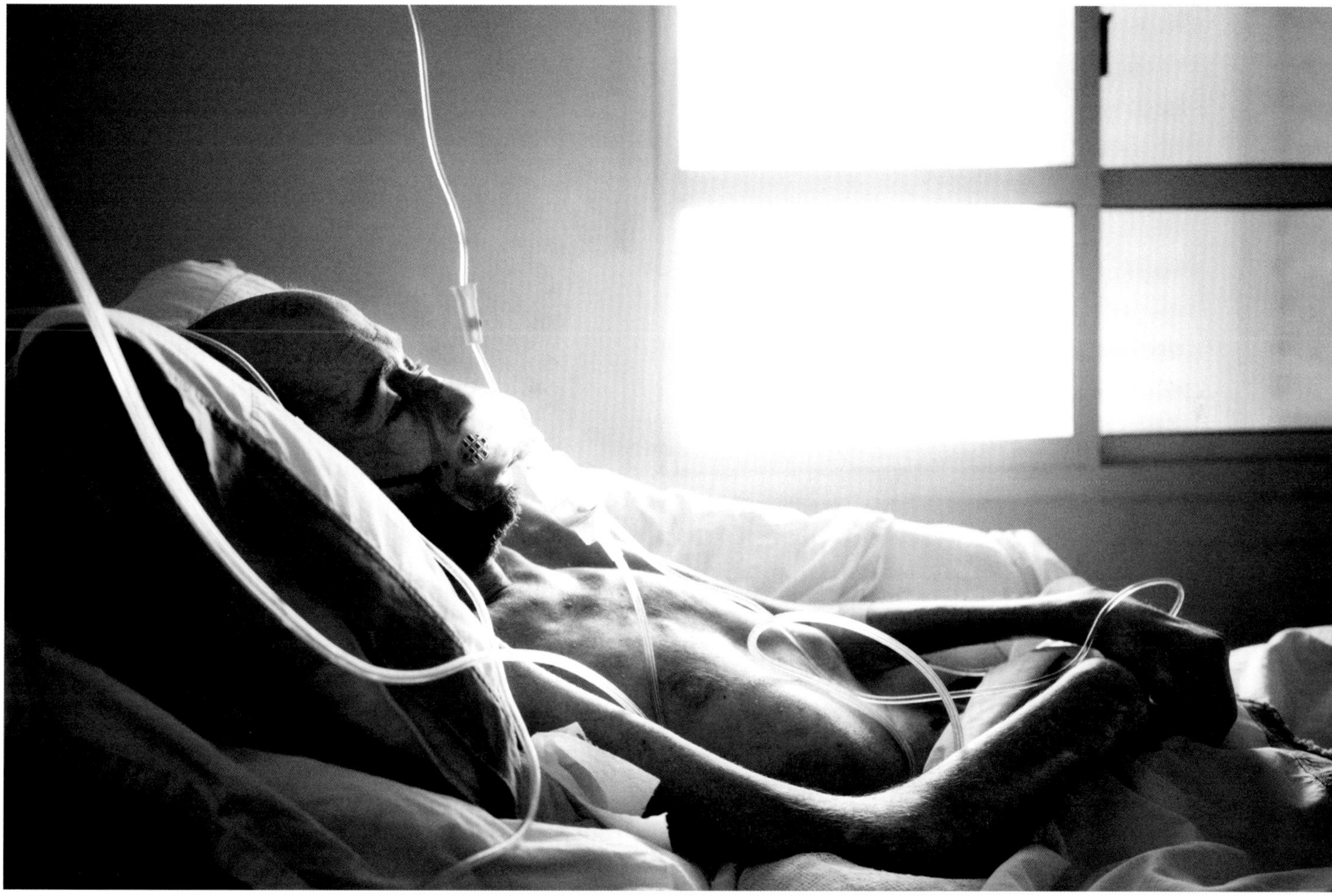

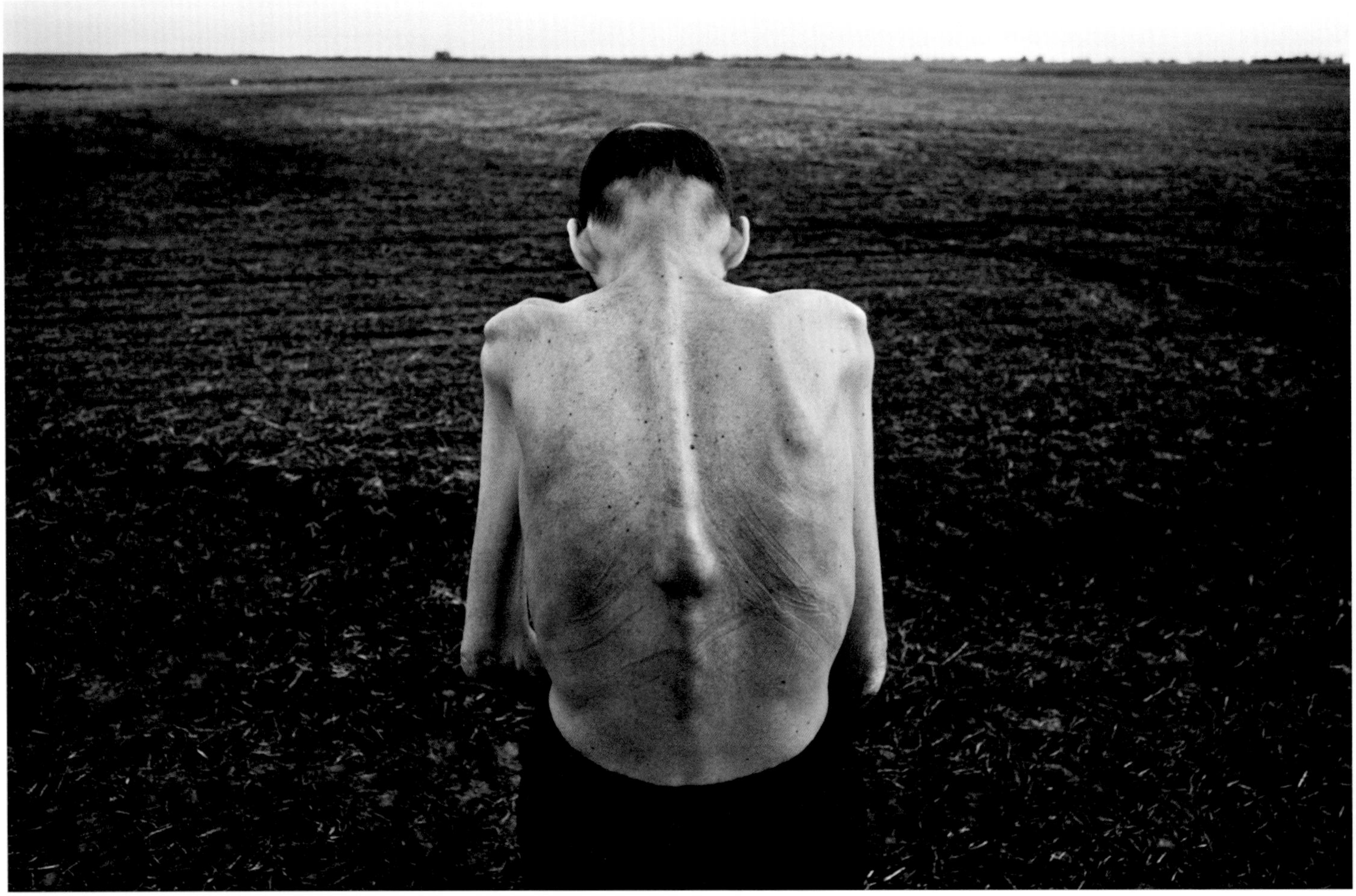

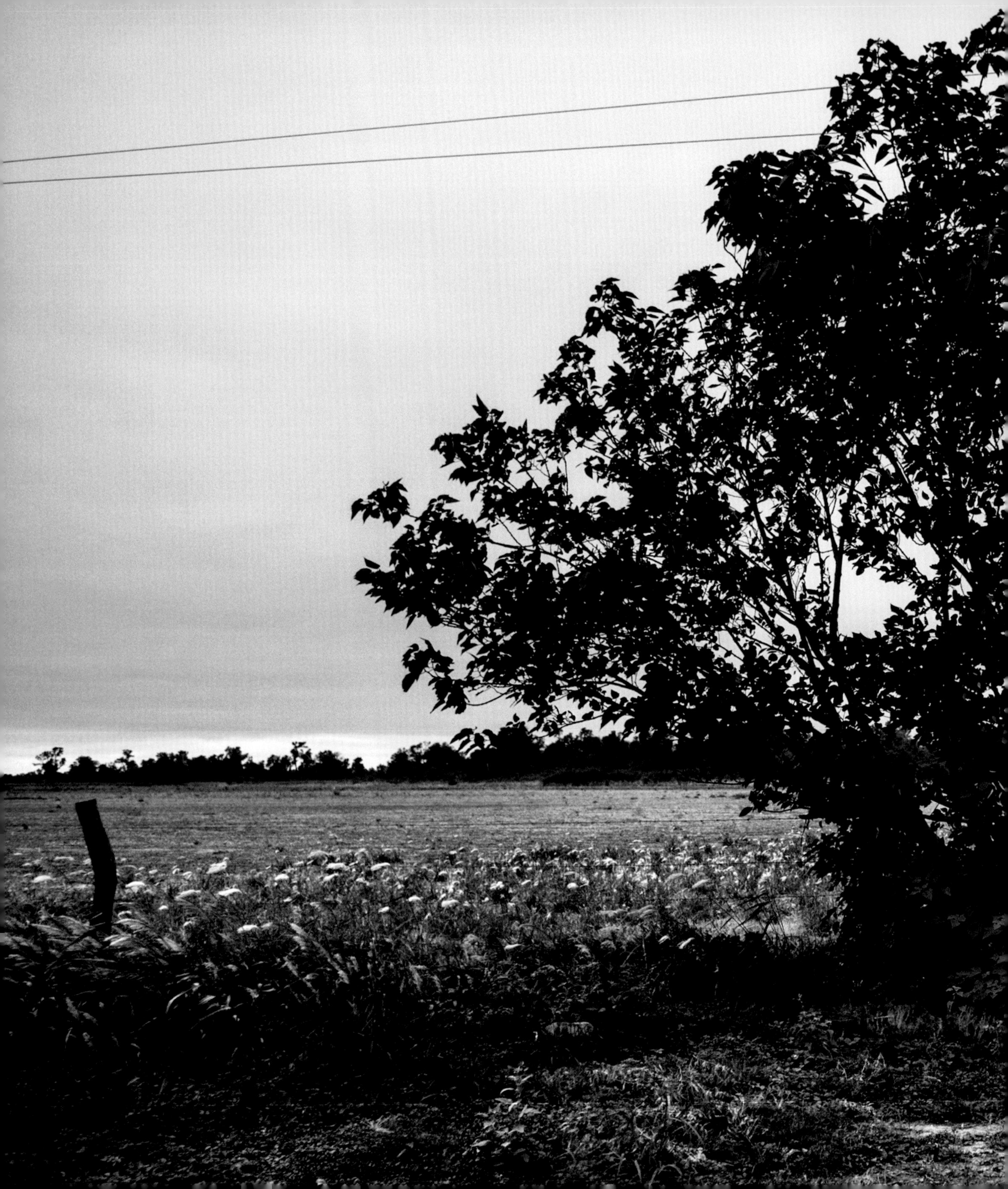

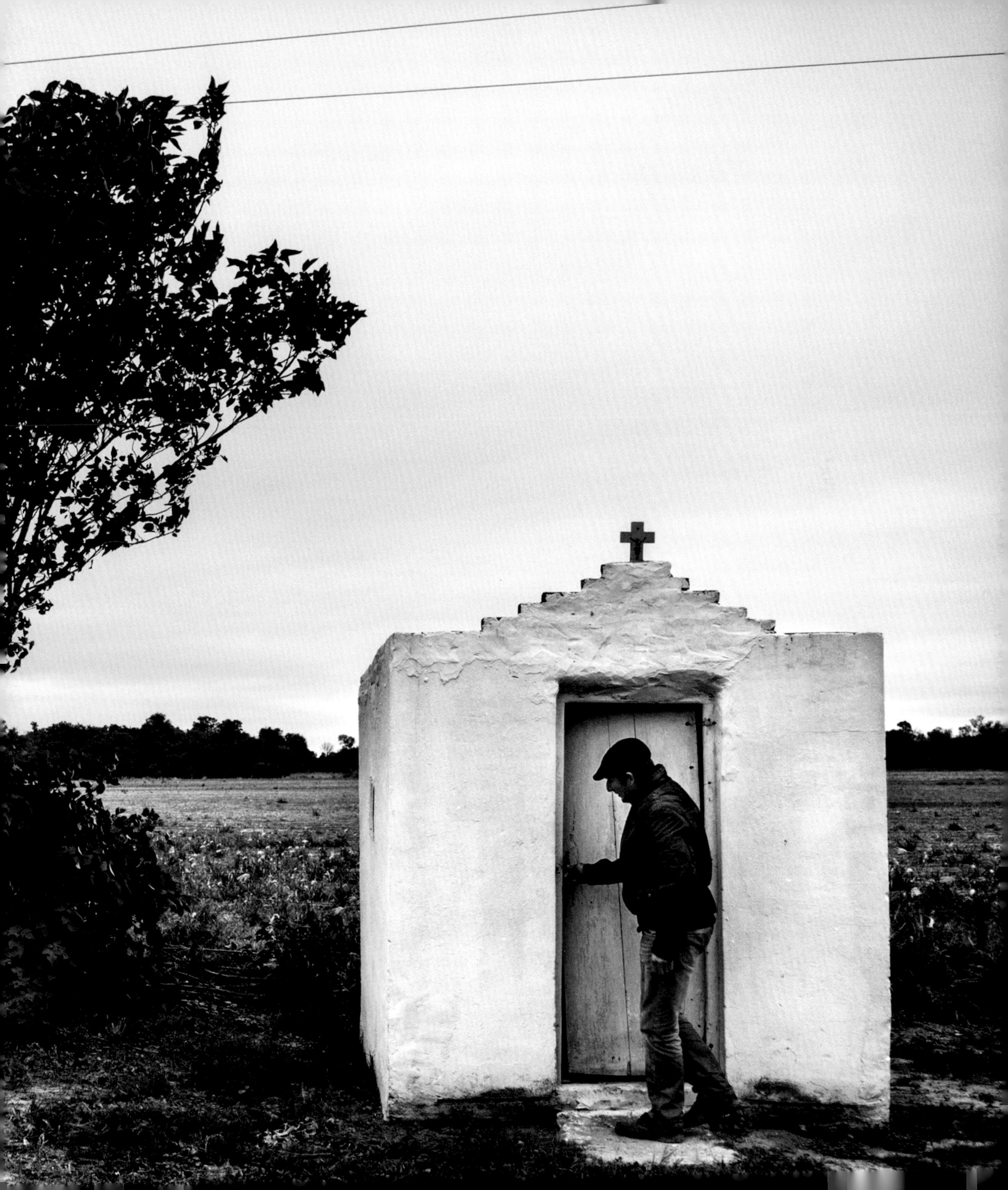

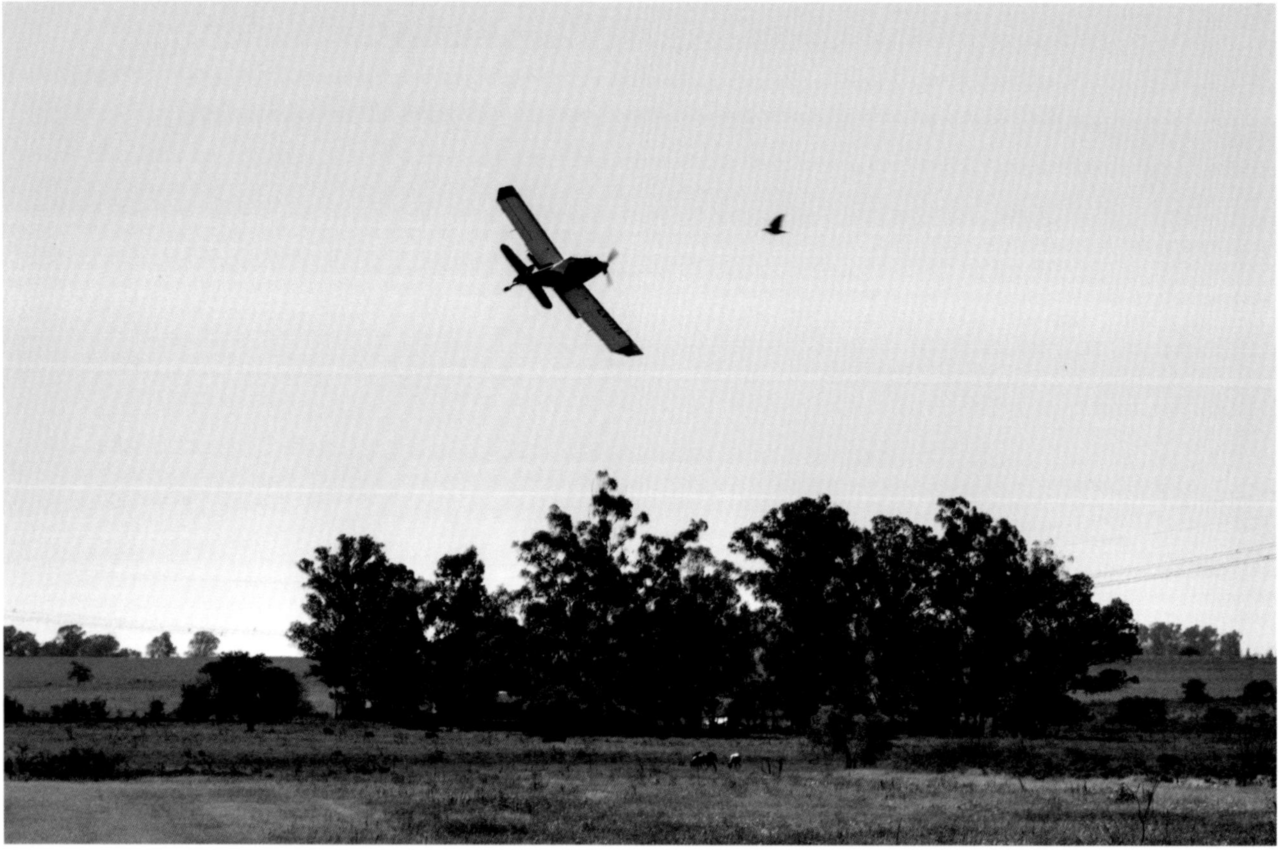

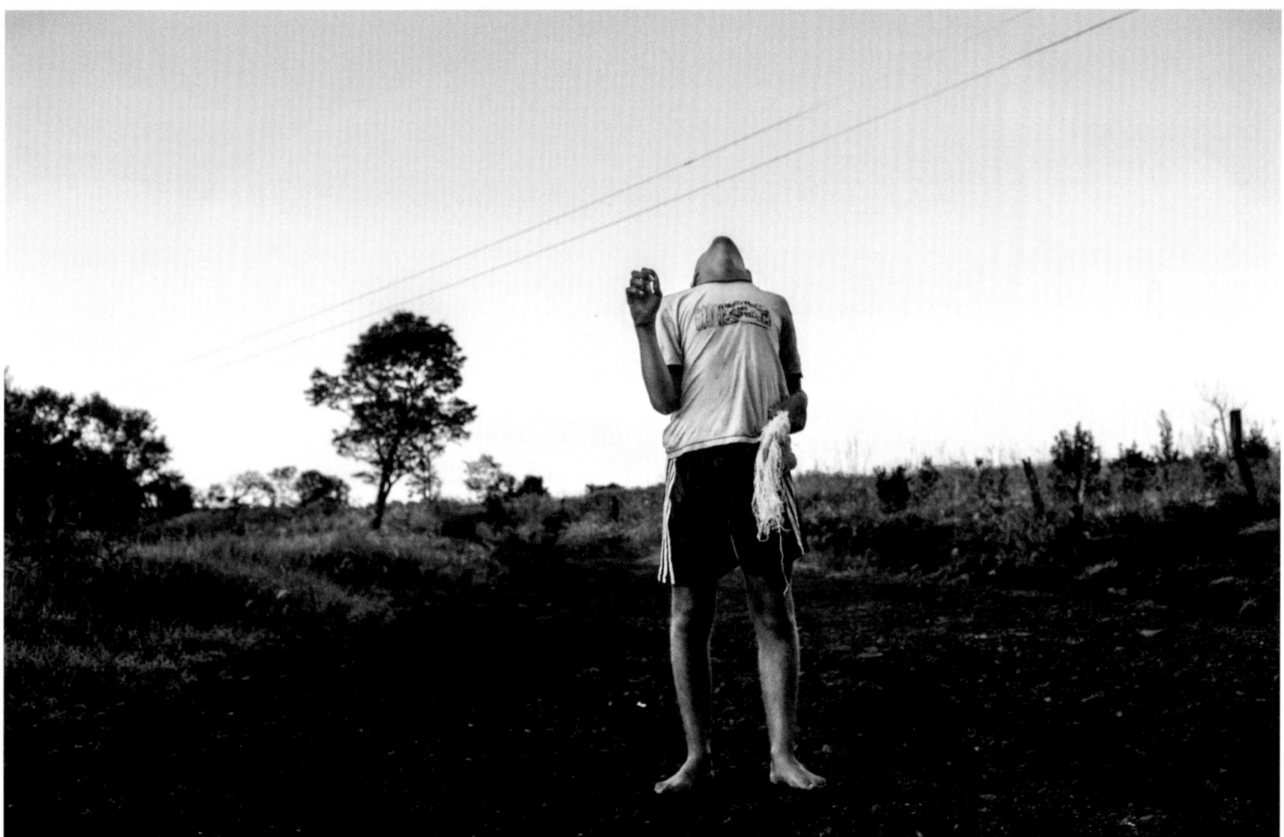

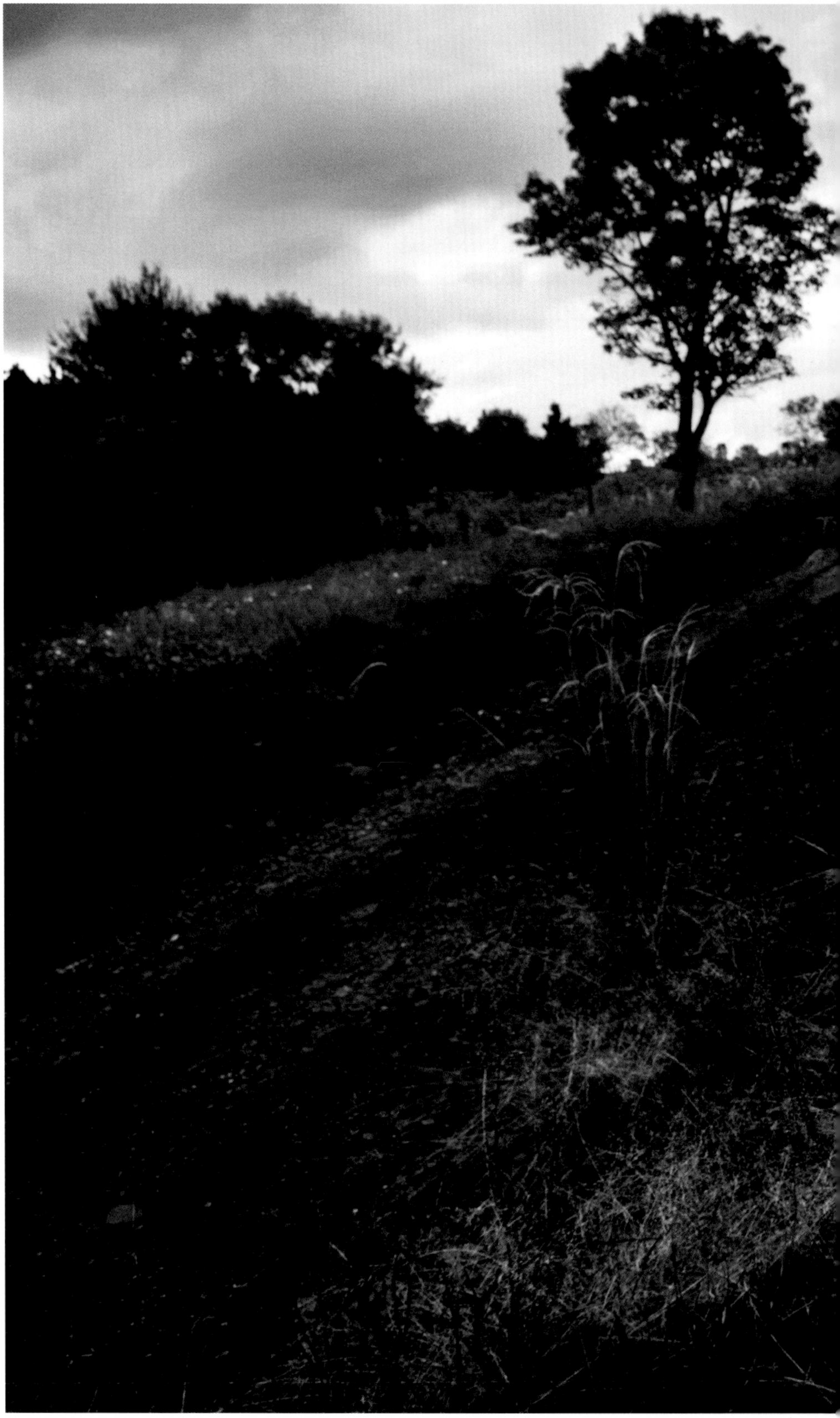

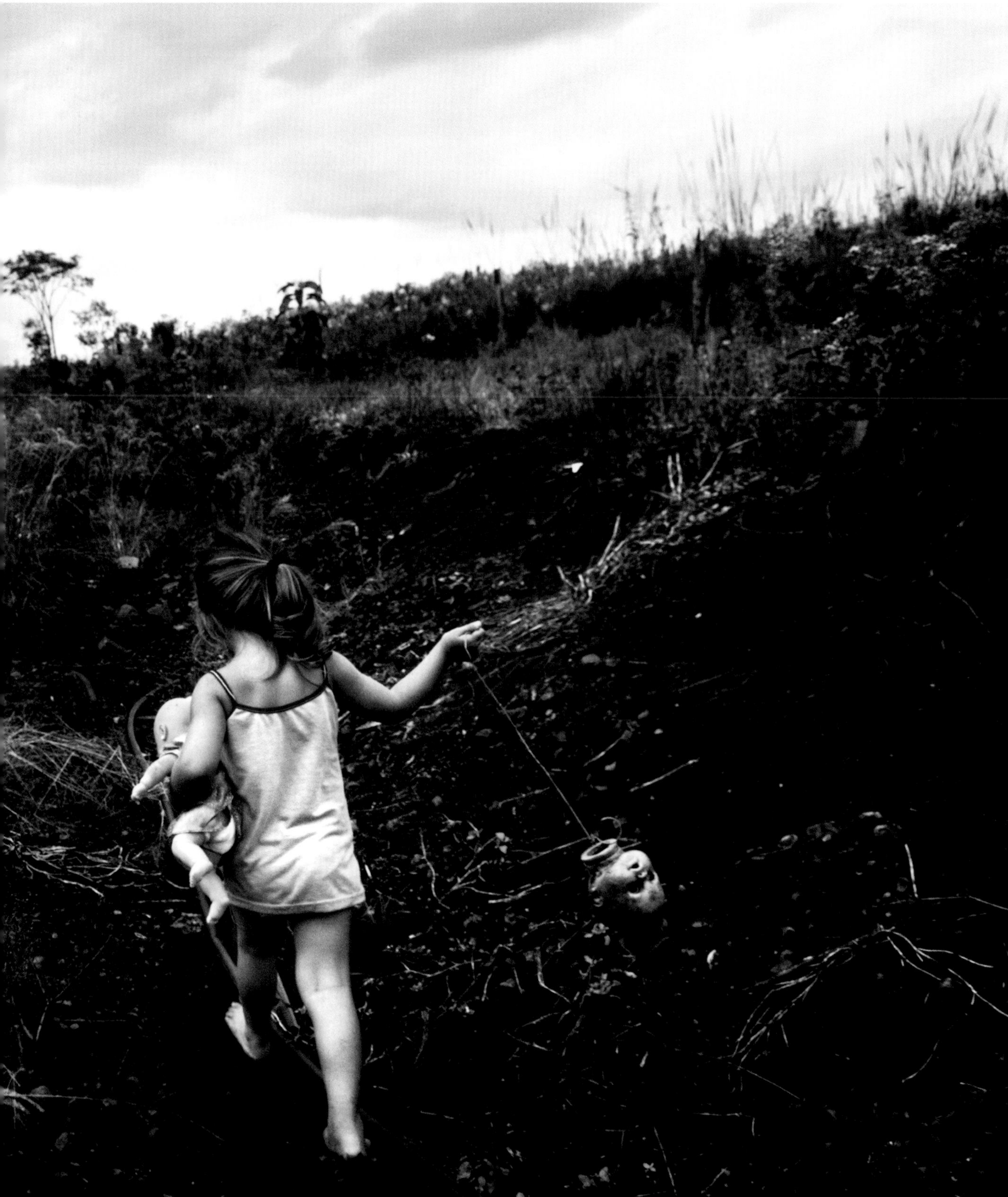

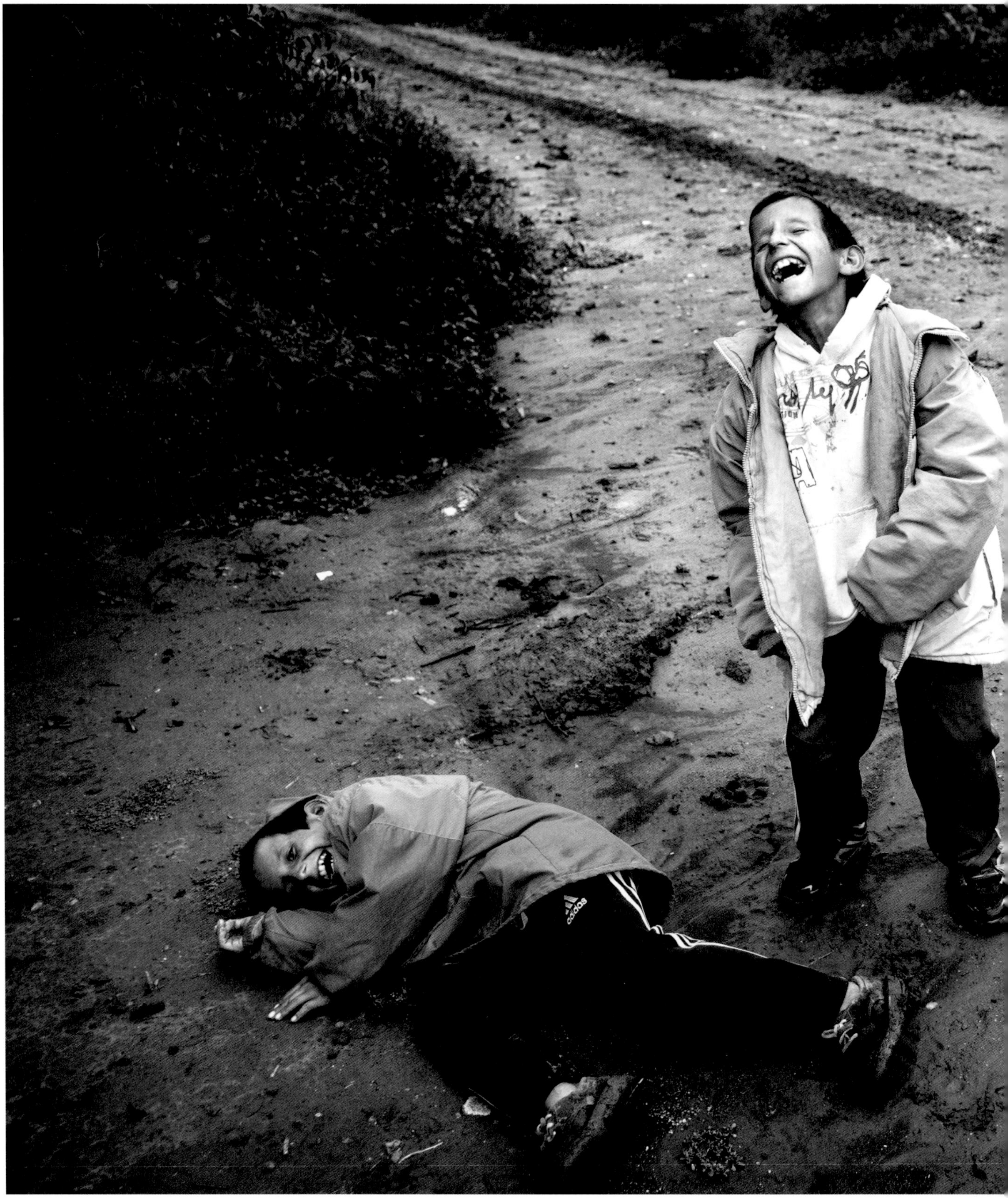
adidas

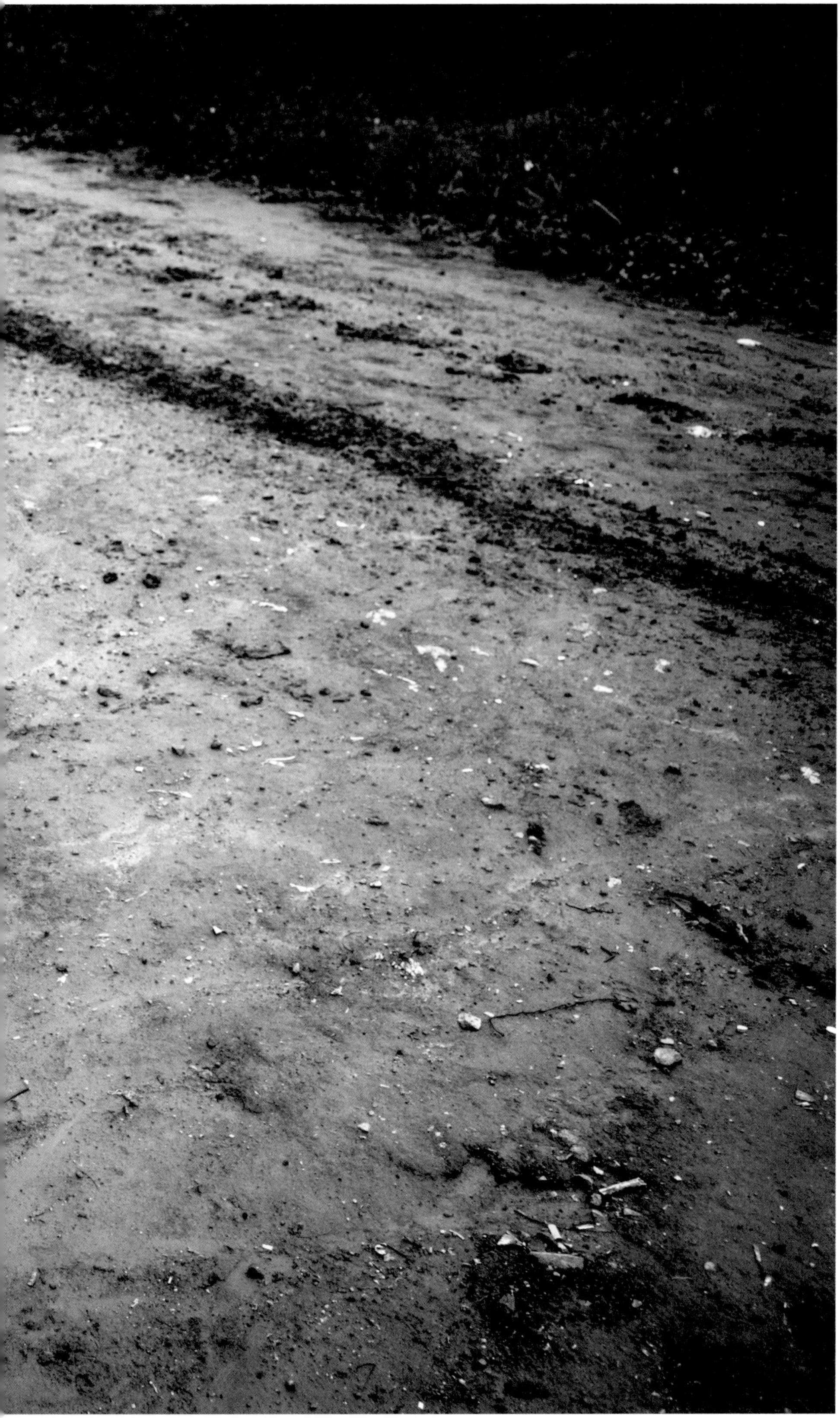

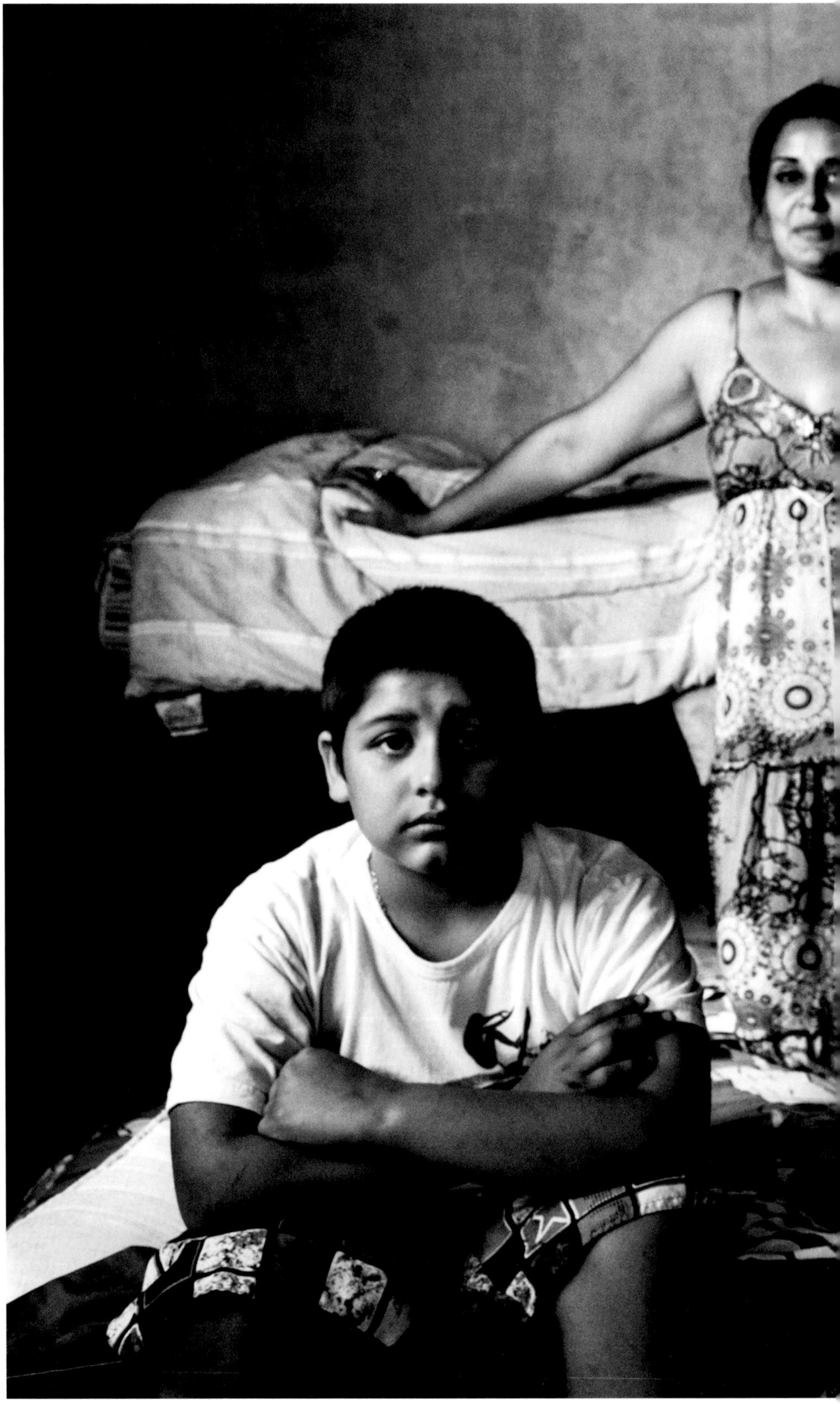

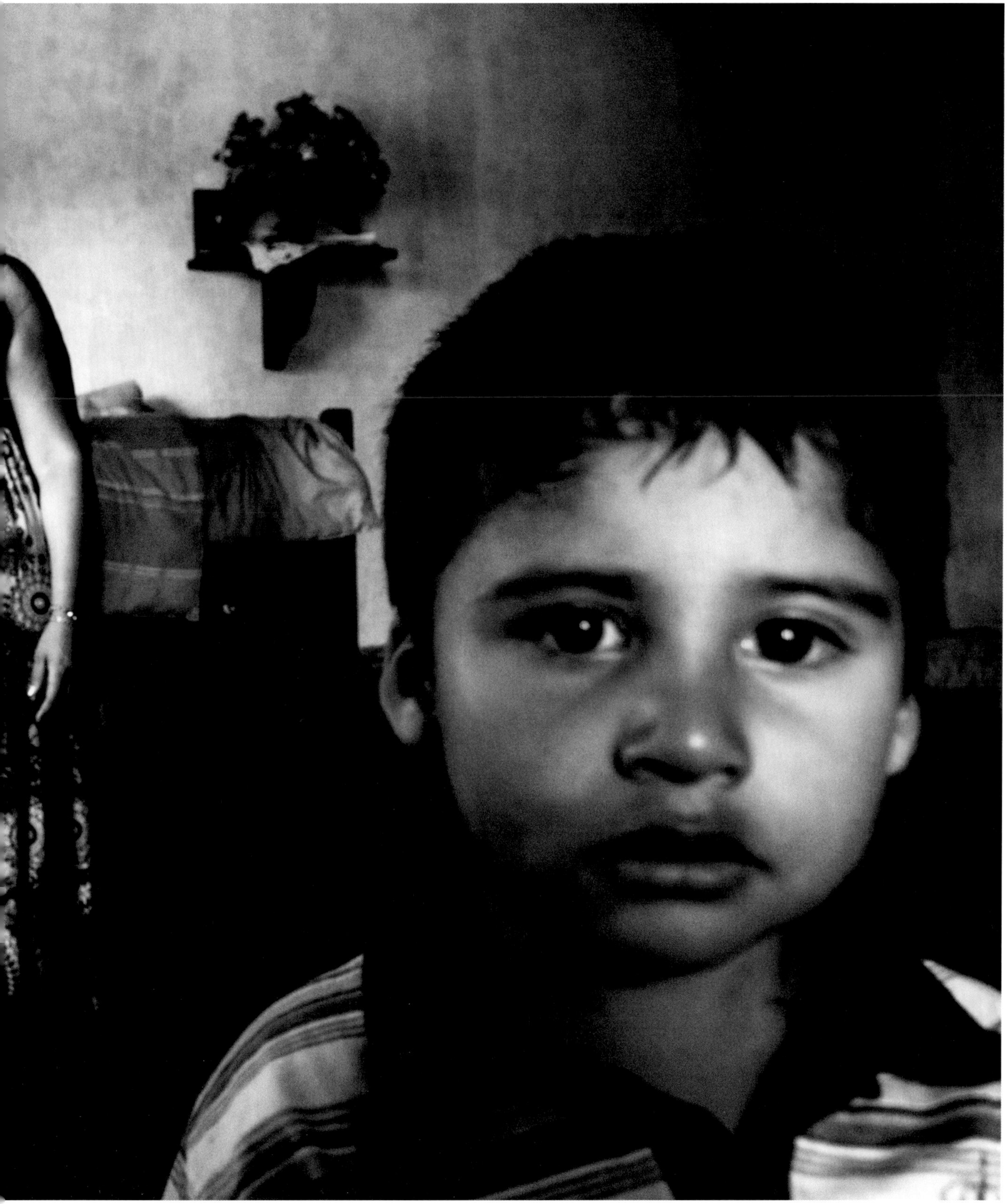

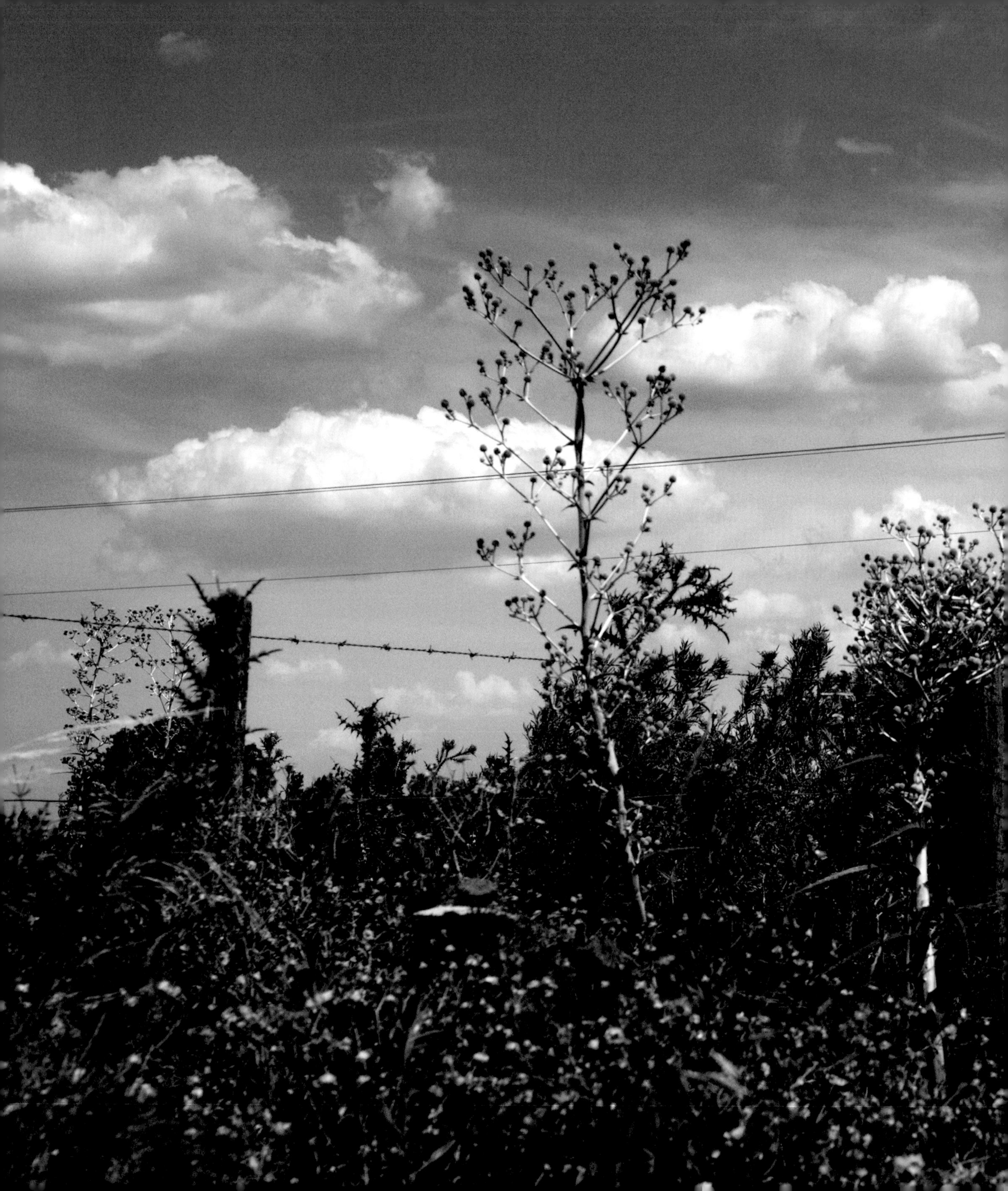

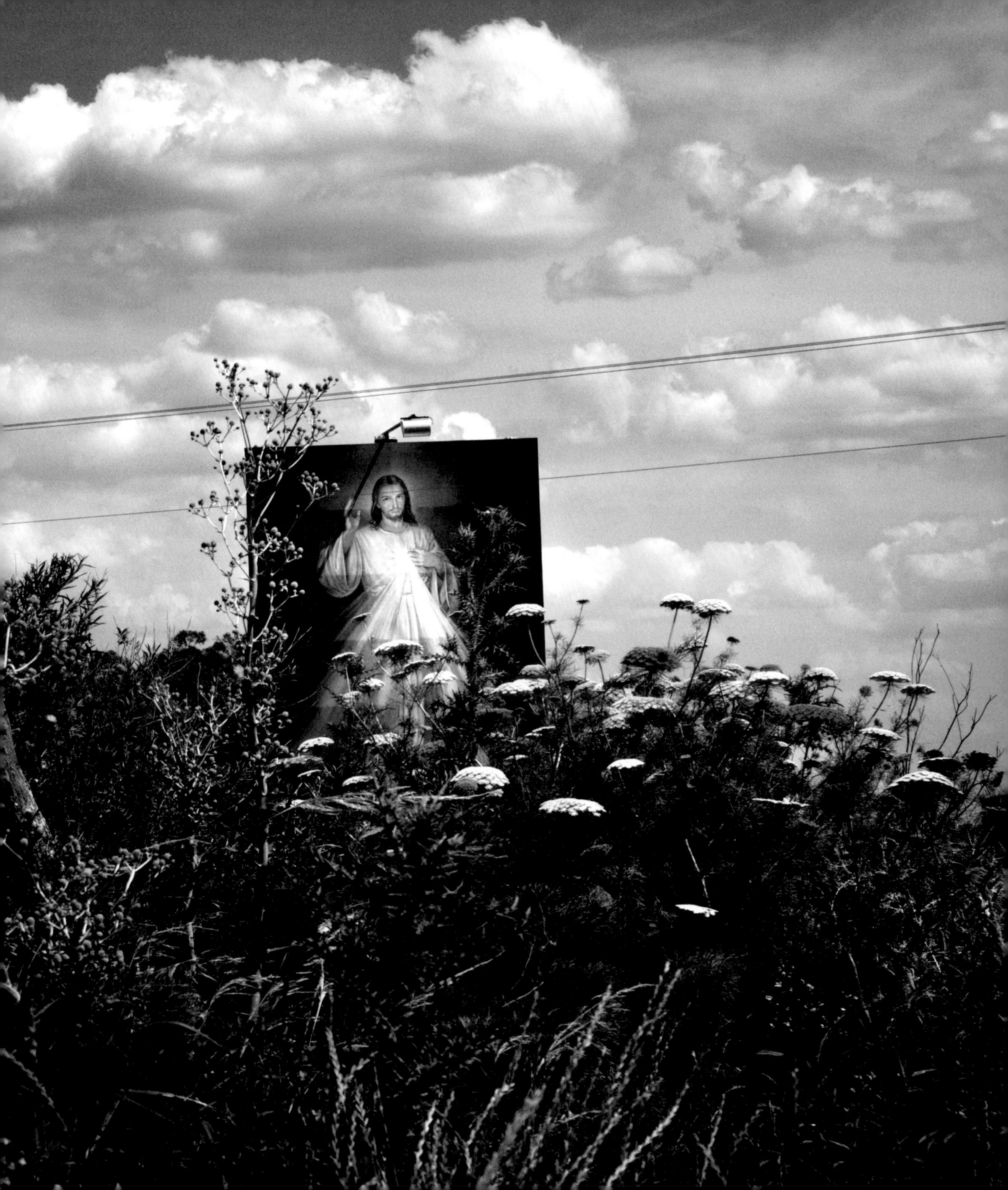

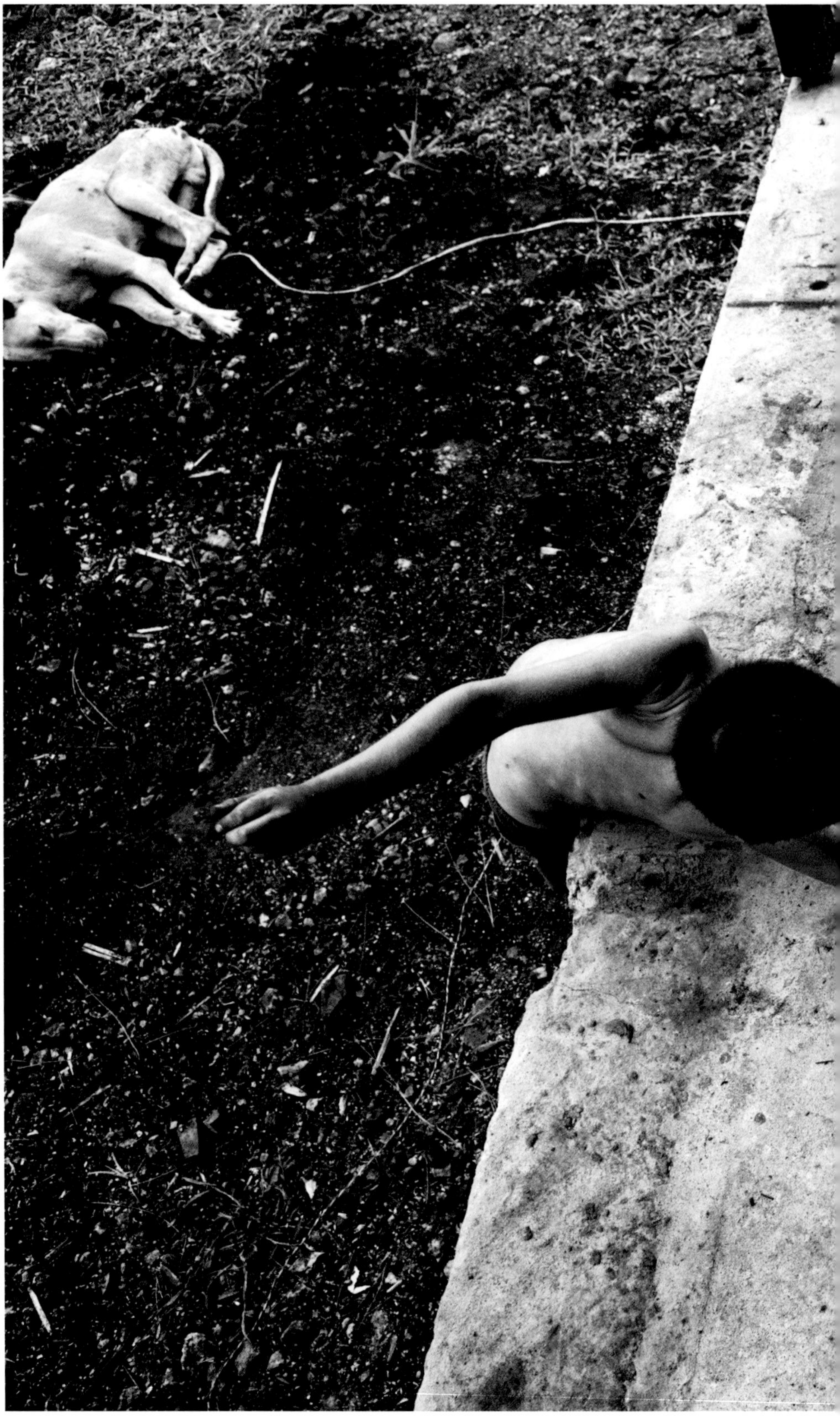

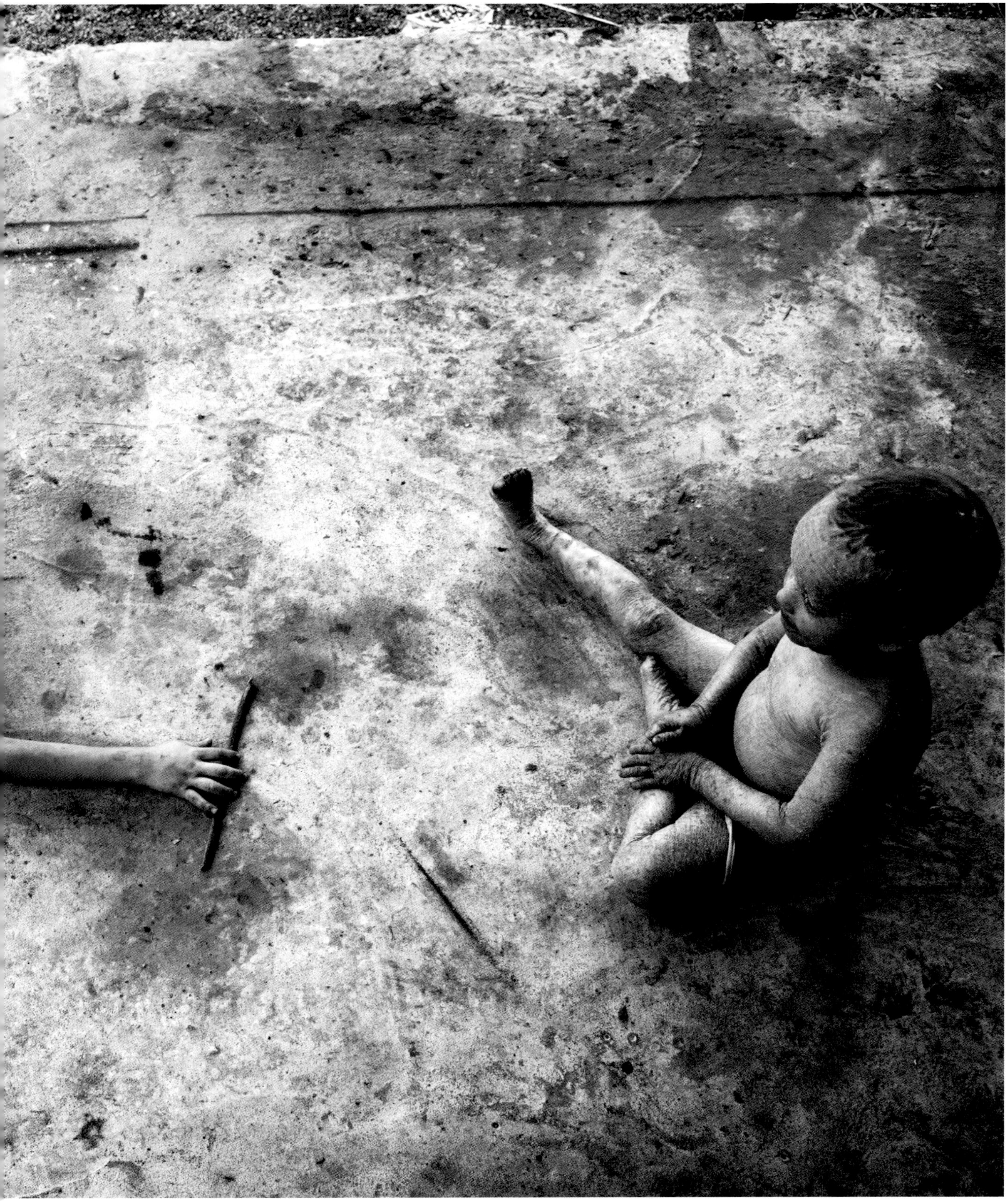

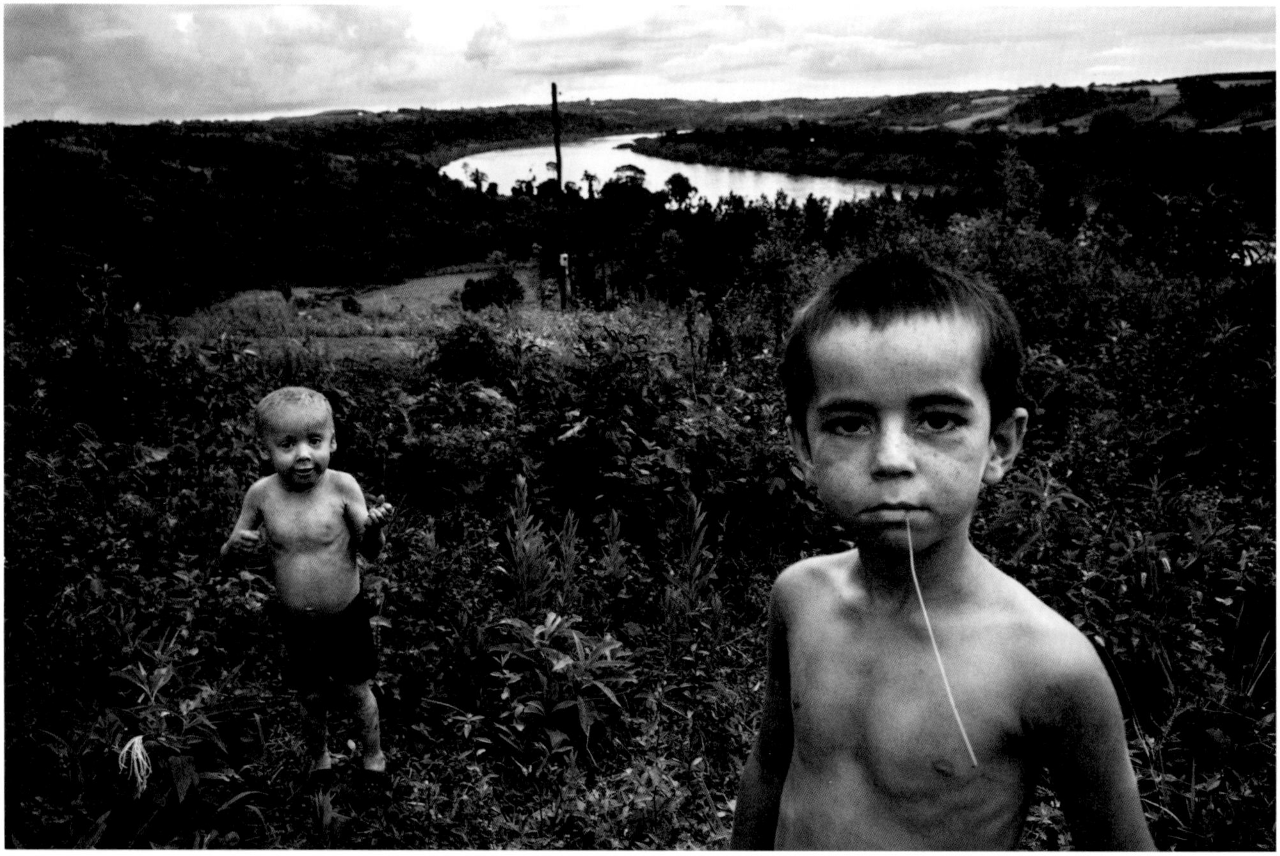

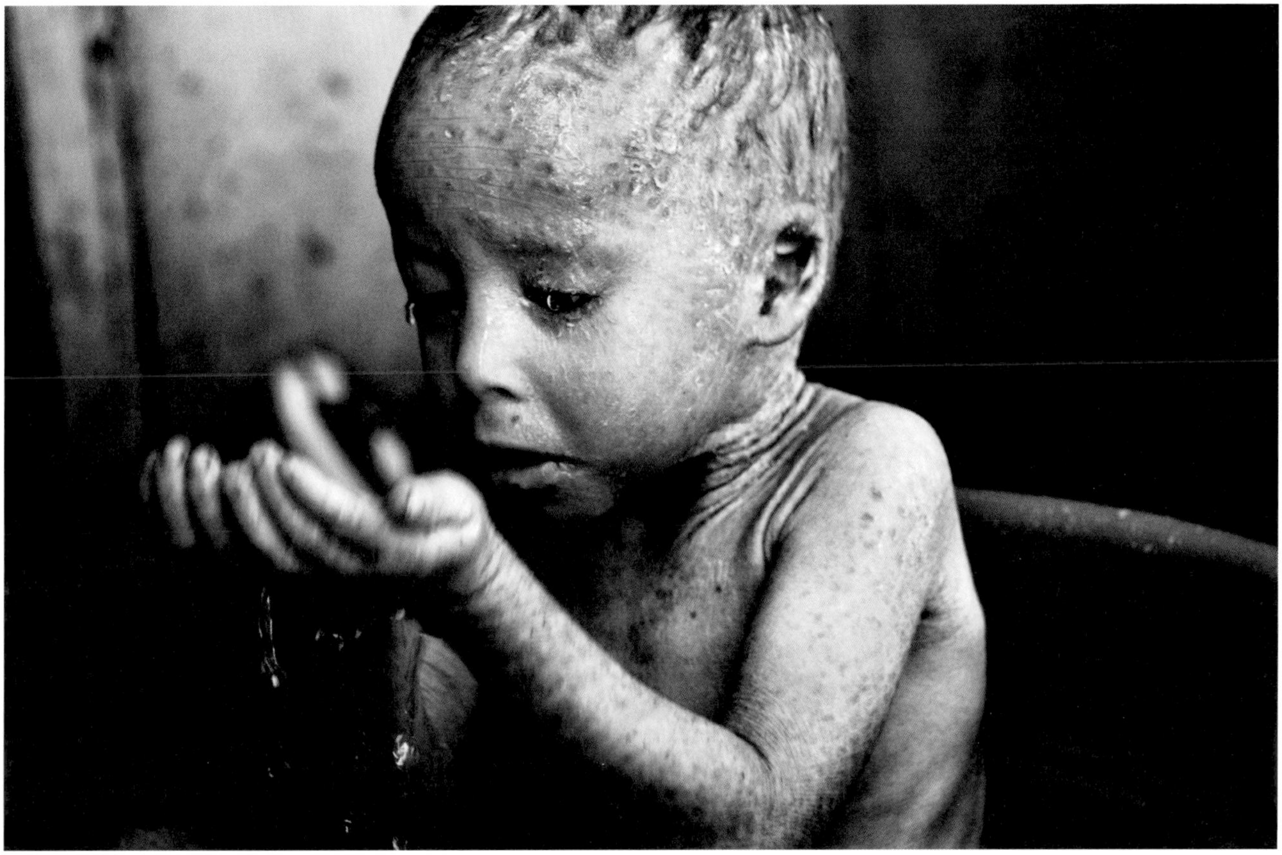

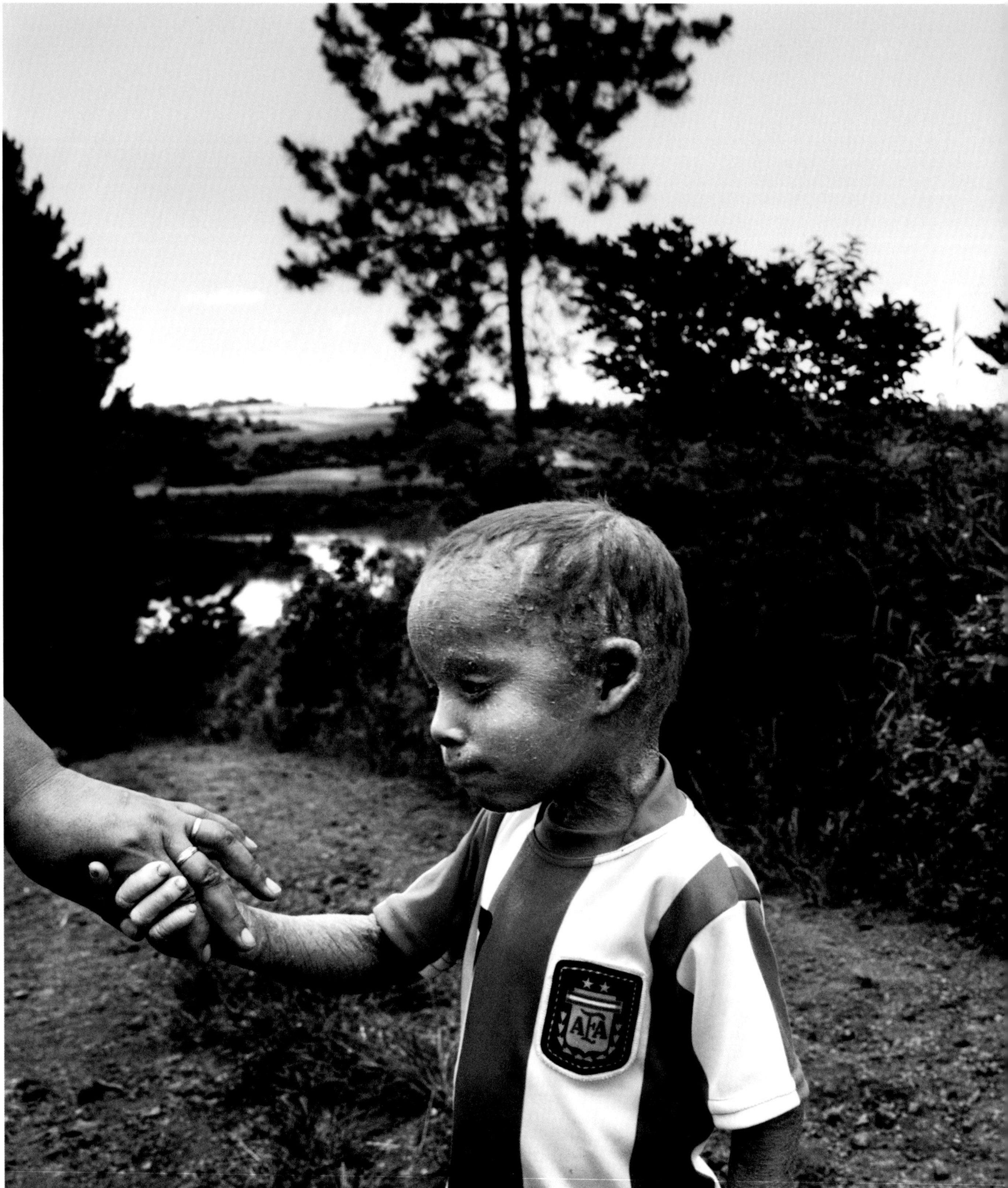
AFA

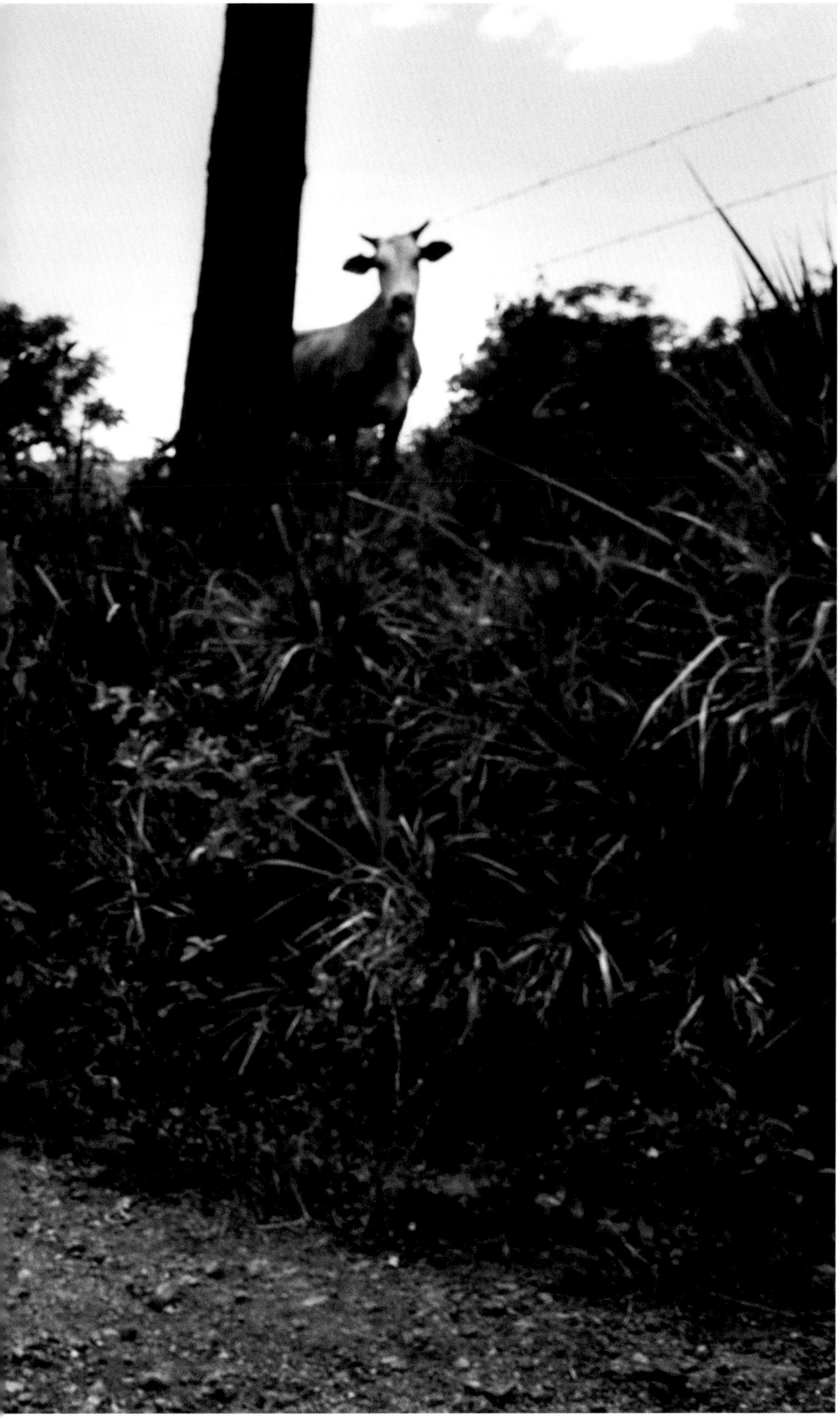

EPÍGRAFES
CAPTIONS

P.1 17/11/2014 Basavilbaso, provincia de Entre Ríos. Fabián Tomasi trabajó durante años manipulando agrotóxicos en la empresa de fumigación Molina & Cía. Actualmente sufre polineuropatía tóxica severa y es tratado por atrofia muscular generalizada. Fabián se convirtió en uno de los máximos exponentes de la lucha contra el modelo biotecnológico agroindustrial y la utilización masiva de agroquímicos. 11/17/2014 Basavilbaso, Entre Ríos province. Fabián Tomasi worked for Molina & Cía for many years, handling agrochemicals in the fumigation company. He suffers, at present, from a severe toxic polyneuropathy and is currently being treated for generalized muscular atrophy. Fabián is one of the voices in the fight against the agro-industrial biotechnological model and the massive use of agrochemicals.

P.7 01/12/2014 Avia Terai, provincia de Chaco. 12/01/2014 Avia Terai, Chaco province.

P.12 20/11/2014 San Salvador, provincia de Entre Ríos. Teresita es madre de dos hijos. Se repone de una cirugía extractiva de un osteoide de 1 × 0.5 cm alojado en su cabeza. Vive en las inmediaciones de una planta de tratamiento de granos que ventila y acondiciona arroz y despacha camiones impregnados con desecantes y fungicidas. Su casa está en una de las manzanas más castigadas por la concentración de casos oncológicos agudos de la ciudad de San Salvador. 11/20/2014 San Salvador, Entre Ríos province. Teresita is the mother of two children. She is recovering from surgery to remove a 1 × 0.5 cm bone growth in her head. She lives in the neighborhood of a grain treatment plant which ventilates and conditions rice and delivers trucks impregnated with desiccants and fungicides. Her house is in one of the most punished blocks by cancer case concentration in the city of San Salvador.

P.14–15 25/09/2016 Toma aérea cercana a la triple frontera entre Argentina, Brasil y Paraguay. Estos tres países concentran la mayor cantidad de consumo de agrotóxicos de América Latina. 09/25/2016, Aerial shot near the triple border where Argentina, Brazil and Paraguay meet. These three countries make up the largest amount of agrochemical consumption in Latin America.

P.17 07/12/2014 Colonia Alicia, provincia de Misiones. Lucas Techeira tiene cinco años y nació con una enfermedad incurable llamada Ictiosis Lamelar causada por la mutación de un gen. Sus padres trabajaron en tabacales y otras plantaciones de la zona donde se aplican agrotóxicos como el glifosato y el 2,4-D, uno de los componentes del Agente Naranja. 12/07/2014 Colonia Alicia, Misiones province. Lucas Techeira is five years old and was born with an incurable disease called ichthyosis lamellar, caused by a gene mutation. His parents worked in a tobacco field and other plantations in the area where agrochemicals such as glyphosate and 2,4-D, one of the components of Agent Orange, are sprayed.

P.18–19 09/04/2015 Pozo Azul, provincia de Misiones. Estudiante en las inmediaciones de una escuela rural. En Argentina existen 10.200 escuelas rurales, más de la mitad de los establecimientos educativos del país. La mayoría de estas escuelas están ubicadas en zonas de producción agrícola, constantemente fumigadas. Para hacer frente a sus consecuencias nació en Argentina la campaña "Paren de fumigar las escuelas". 04/09/2015 Pozo Azul, Misiones province. Student in the immediate vicinity of a rural school. In Argentina there are 10,200 rural schools, more than half of the country's educational facilities. Most of these schools are located in areas of agricultural production, which are continuously fumigated. As a result of this, the "Stop fumigating schools" campaign was born in Argentina.

P.21 11/12/2014 Fracrán, provincia de Misiones. Jessica Sheffer tiene 14 años y padece una mutación genética. 12/11/2014 Fracrán, Misiones province. Jessica Sheffer is 14 years old and has a genetic mutation.

P.22 29/11/2014 Napenay, provincia de Chaco. Milagros Milena Alcaraz vive en un pueblo donde el servicio de provisión de agua potable para los habitantes se habilita sólo durante dos horas diarias por medio de canillas dispuestas en la vía pública. Los pobladores almacenan agua para el consumo familiar en bidones vacíos que originalmente contenían agrotóxicos. 11/29/2014 Napenay, Chaco province. Milagros Milena Alcaraz lives in a village where the drinking water delivery service is active for only two hours a day by means of taps arranged in the public streets. Residents store water for family consumption in empty drums that originally contained pesticides.

P.24–25 11/12/2014 Fracrán, provincia de Misiones. Desde los siete años, Jessica Sheffer padece una malformación en los tendones que le impide erguirse. Su madre, Ramona Angélica de Lima, es afrodescendiente y tiene seis hijos. Ella y su marido llegaron al pueblo hace 30 años, cuando había muy pocas familias viviendo allí. Fracrán es un área de producción de tabaco donde se utiliza masivamente 2,4-D, bromuro de metilo y otros herbicidas y fungicidas. 12/11/2014 Fracrán, Misiones province. Since the age of seven, Jessica Sheffer has suffered from a tendon malformation, preventing her from standing up. Her mother, Ramona Angelica de Lima, of African descent, has six children. She and her husband came to town 30 years ago, when there were very few families living there. Fracrán is a tobacco production area where 2,4-D, methyl bromide and other herbicides and fungicides are greatly used.

P.26–27 02/12/2014 La Leonesa, provincia de Chaco. 12/02/2014 La Leonesa, Chaco province.

P.28 22/11/2014 General Campos, provincia de Entre Ríos. Maribella Alexandra Duarte sufre de una malformación congénita que no le permite moverse por sus propios medios. Ella y su familia viven a 30 metros de los campos de soja expuestos a la fumigación. Su madre, Mariela Montes, relata que días atrás tuvo que resguardarse junto a sus siete hijos encerrándose en su casa a causa de un avión fumigador que sobrevolaba la zona. Los propios vecinos registraron 19 casos de cáncer terminal en 500 metros a la redonda. 11/22/2014 General Campos, Entre Ríos province. Maribella Alexandra Duarte suffers from a congenital malformation that does not allow her to move by herself. She and her family live 30 meters from the soybean fields exposed to fumigation. Her mother, Mariela Montes, says some days ago she had to take shelter with her seven children, locking themselves up in her house because a fumigating plane was flying over the area. The neighbors within a 500 meter diameter registered 19 cases of terminal cancer.

P.29 09/12/2014 San Vicente, provincia de Misiones. Germariani nació sietemesina con una malformación en su brazo. 12/09/2014 San Vicente, Misiones province. Germariani was born two months premature with a malformation on her arm.

P.30 29/11/2014 Napenay, provincia de Chaco. Milagros Milena Alcaráz y sus cinco hermanos habitan una modesta vivienda lindera a cultivos transgénicos. Al nacer fue intervenida por una malformación en sus pies, que no le permite caminar. 11/29/2014 Napenay, Chaco province. Milagros Milena Alcaráz and her five brothers live in a modest house near the transgenic crops. She was born with deformed feet, preventing her from walking.

P.31 01/12/2014 Avia Terai, provincia de Chaco. Camila Magali Verón padece una malformación congénita en el sistema digestivo. 12/01/2014 Avia Terai, Chaco province. Camila Magalí Verón suffers from a congenital malformation in her digestive system.

P.32–33 11/12/2014 Fracrán, provincia de Misiones. Cuando Cándida Rodriguez dio a luz a Fabián Piris le diagnosticaron un año de vida. Actualmente tiene ocho años y padece hidrocefalia y un retraso mental irreversible. Durante el embarazo, Cándida manipuló agroquímicos junto a su marido en las plantaciones de tabaco. La casa donde viven está ubicada a pocos metros de un aserradero donde se cura la madera con químicos altamente tóxicos. Sólo en la zona de la ruta nacional 14 donde vive esta familia fueron detectadas 1.200 personas con labio

leporino, hidrocefalia y otras discapacidades que serían consecuencia de los venenos que se usan en las plantaciones de tabaco y yerba mate. 12/11/2014 Fracrán, Misiones province. When Cándida Rodriguez gave birth to Fabián Piris she was told that her baby was going to live for only one year. He is currently eight years old and suffers from hydrocephalus and irreversible mental retardation. During pregnancy, Cándida handled agrochemicals with her husband on tobacco plantations. They live near a sawmill where wood is cured with highly toxic chemicals. Just in the area of National Route 14 where the family lives, 1,200 cases of cleft lip, hydrocephalus and other disabilities were revealed. This is supposed to be a consequence of the poisons used in tobacco and yerba mate plantations.

P.34–37 29/11/2014 Napenay, provincia de Chaco. Anita Sosa no puede caminar por sus propios medios pero juega a que es bailarina junto a su hermana mayor. Su mamá, Liliana Dworak, lo atribuye a la exposición a fumigaciones que complicaron su último embarazo. 11/29/2014 Napenay, Chaco province. Anita Sosa cannot walk by herself but she plays together with her older sister, pretending to be a dancer. Liliana Dworak, their mother, attributes her daughter's illness to her exposure to fumigations which complicated her last pregnancy.

P.38–39 22/12/16 Concordia, provincia de Entre Ríos. Mario Lovatto trabajó desde los 8 hasta los 33 años en plantaciones de cítricos y arándanos desempeñando tareas de cosecha y fumigación. Padece Lipomatosis múltiple y tiene alrededor de 100 lipomas en su cuerpo. Su hijo Mario, nueve, fue diagnosticado con TGD, Eric, cuatro, perdió un riñón y Maylen (dos meses) tiene una enfermedad cardíaca. 12/22/2016 Concordia, Entre Ríos province. Mario Lovatto worked between the ages of eight and 33 in citrus and blueberry plantations, harvesting and fumigating. He suffers from multiple lipomatosis and has around 100 lipomas in his body. His son Mario, nine, was diagnosed with TGD; Eric, four, lost a kidney and Maylen, two months, suffers from heart disease.

P.40–41 06/12/2014 Colonia Aurora, Misiones. Marcos tuvo leucemia a los diez años. Su padre trabaja hace más de 30 como fumigador en los tabacales y su madre estuvo internada por intoxicación durante el embarazo. Su familia tuvo que mudarse de la chacra en donde vivían y establecerse en la zona urbana del pueblo para distanciarse de los venenos. Marcos aguarda desde hace tres años un trasplante de riñón en el sanatorio IOT de Posadas. 12/06/2014 Colonia Aurora, Misiones province. Marcos had leukemia at the age of ten. His father worked for more than 30 years as a fumigator in the tobacco factory and his mother was hospitalized for poisoning during pregnancy. His family had to move from the farm where they lived to the urban area of the town, far from the poisons. Marcos has been waiting three years for a kidney transplant in the Posadas IOT sanatorium.

P.42–43 10/12/2014 San Vicente, provincia de Misiones. Mónica Gabriela Rais. Su madre tenía 15 años cuando la dio a luz. En ese tiempo trabajaba en las plantaciones de tabaco. 12/10/2014 San Vicente, Misiones province. Mónica Gabriela Rais. Her mother was 15 when she gave birth. At that time she worked on tobacco plantations.

P.44–45 19/12/2016 Ceres, provincia de Santa Fe. Javier Rojas (42) trabajó durante siete años como aplicador. Fumigaba 26 mil hectáreas en cuatro meses. Su mujer sufrió abortos en tres oportunidades y falleció de cáncer de útero. En la actualidad trabaja en su tambo y fumiga esporádicamente. El manifiesta dudas acerca de las posibles causas de los problemas de salud de su mujer. 12/19/2016 Ceres, Santa Fe province. Javier Rojas (42) worked for seven years as a fumigation applicator. He sprayed 26,000 hectares in four months. His wife suffered three miscarriages and died from uterine cancer. He currently works in his dairy and sporadically fumigates. He has doubts about the possible causes of his wife's health problems.

P.46–47 25/09/2015 Firmat, provincia de Santa Fe. La familia Fontanellaz vive rodeada de campos expuestos a constantes fumigaciones. Edgar realizó 34 denuncias ante la justicia. Fue dos veces atacado en su domicilio con disparos de bala efectuados por productores sojeros. Sus dos hijos nacieron con hipoacusia. 09/25/2015 Firmat, Santa Fe province. The Fontanellaz family lives surrounded by fields exposed to constant fumigations. Edgar made 34 judicial complaints. He was attacked twice with gunfire at his home by soybean farmers. His two sons were born with hearing loss.

P.48 27/11/2014 Avia Terai, provincia de Chaco. Un aplicador terrestre de plaguicidas circula frente al espacio deportivo del barrio P. Mujica. 11/27/2014 Avia Terai, Chaco province. A land pesticide spraying is carried out in front of the sports area of the P. Mujica neighborhood.

P.49 17/09/2015 Villa Dolores, provincia de Córdoba. Aplicadores de agroquímicos. Según un estudio del Servicio Nacioinal de Sanidad y Calidad Agroalimentaria (SENASA), el 63 por ciento de las frutas y verduras de los mercados centrales de La Plata, Buenos Aires y Mar del Plata contienen sustancias tóxicas. 09/17/2015 Villa Dolores, Córdoba province. Agrochemical applicators. According to a National Service of Agricultural Food Health and Quality (SENASA) study, 63 percent of the fruits and vegetables of La Plata, Buenos Aires and Mar del Plata central markets contain toxic substances.

P.50 06/04/2015 San Vicente, provincia de Misiones. Leonardo Lorenzo padece parálisis cerebral. En el barrio "El Progreso", donde vive con sus hermanos y su madre, los casos de discapacidad en niños y adolescentes se repiten de manera alarmante. 04/06/2015 San Vicente, Misiones province. Leonardo Lorenzo suffers from cerebral palsy. In the El Progreso neighborhood where he lives with his brothers, sisters and mother, cases of child and adolescent disability are reported at an alarming rate.

P.51 19/09/2015 Barrio Ituzaingó, provincia de Córdoba. A causa de los más de 300 casos de cáncer y los repetidos casos de leucemia, lupus, abortos espontáneos, malformaciones, linfomas, etc. se gestó en este barrio una de las organizaciones de lucha contra los agrotóxicos más fuertes de la Argentina: las Madres de Ituzaingó. 09/19/2015 Ituzaingó Quarter, Córdoba province. Due to more than 300 cases of cancer and recurring cases of leukemia, lupus, spontaneous abortions, malformations, lymphomas and other problems, an organization was born in this neighborhood to fight against the strongest pesticides of Argentina: *Madres de Ituzaingó* (Mothers of Ituzaingó).

P.52–53 14/01/2017 Gilbert, provincia de Entre Ríos. Norma Portillo y su familia vivían en un campo sometido a constantes fumigaciones. Tras una inundación que contaminó las aguas del aljibe con agroquímicos, Norma perdió la mitad de su familia. Primero fue su sobrino Alexis de 18 meses, después su sobrina Micaela, luego su hijo Cristian y por último su marido. 01/14/17 Gilbert, Entre Ríos province. After a flood contaminated the water of the cistern with agrochemicals, Norma Portillo lost half of her family. The first was her nephew Alexis of 18 months, then her niece Michaela, then her son Christian and finally her husband. They lived in the countryside among farm sprayers.

P.54 20/9/2015 Cañada de Luque, provincia de Córdoba. Patricia Vivanco Monserrat vive a 150 metros del hangar en donde estacionan los aviones fumigadores. A los 13 años se le detectó cáncer de páncreas. 09/20/2015 Cañada de Luque, Córdoba province. Patricia Vivanco Monserrat lives 150 meters from the hangar where the fumigating planes are parked. At the age of 13 she was diagnosed with pancreatic cancer.

P.55 21/09/2015 Villa Tortonal, provincia de Córdoba. Ingrid Carabajal tiene dos años. Vive a 200 metros de los campos de soja, maíz o trigo donde se fumiga con aviones aeroaplicadores. Ingrid nació con labio leporino, una afección frecuente en zonas fumigadas. 09/21/2015 Villa Tortonal, Córdoba province. Ingrid Carabajal is two years old. She lives 200 meters from the soybean, corn and wheat fields fumigated by airplane. Ingrid was born with cleft lip, a frequent condition in fumigated areas.

P.58–59 19/11/2014 San Salvador, provincia de Entre Ríos. Patricia y Diego Derudder son los padres de Leila, fallecida a los 14 años por leucemia. Su casa está situada a metros del hangar de un avión aplicador de venenos. 11/19/2014 San Salvador, Entre Ríos province. Patricia and Diego Derudder are the parents of Leila, who died at age 14 from leukemia. His house is located meters from the hangar of a poison-applicator aircraft.

P.61 23/09/2015 Monte Maíz, provincia de Córdoba. Alfredo Cerán trabajó durante nueve años como aplicador terrestre de agroquímicos en los campos de soja. La matriz de sus uñas se quemó, actualmente su cuadro clínico informa cirrosis no alcohólica y tres hernias de disco. Los estudios de agroquímicos en sangre mostraron residuos de glifosato, clorpirifós, azatrina, 2,4-D y cipermetrina. 09/23/2015 Monte Maíz, Córdoba province. Alfredo Cerán worked for nine years as an agrochemical land applicator in the soybean fields. The beds of his nails were burned, and at present his clinical condition includes nonalcoholic cirrhosis and three herniated discs. Medical results showed

residues of glyphosate, chlorpyrifos, azatrine, 2,4-D and cypermethrin in his blood.

P.63–77 2014–2015 Colonia Alicia, provincia de Misiones. Familia Gotín. 2014–2015 Colonia Alicia, Misiones province. Gotín Family.

P.78–79 08/12/2014 San Vicente, provincia de Misiones. Talía Belén Soroco padece una malformación congénita, fue operada del corazón y tiene severos problemas motrices. Su padre Juan y su madre Anita trabajaron desde niños en los campos de tabaco manipulando insecticidas prohibidos como Furadan y bromuro de metilo, entre otros. Poco después del nacimiento de Talía decidieron abandonar su chacra y dedicarse a la horticultura sustentable. 12/08/2014 San Vicente, Misiones province. In addition to undergoing heart surgery, Talía Belén Soroco suffers from a congenital malformation and severe motor problems. Her father Juan and her mother Anita worked as children in the tobacco fields handling forbidden insecticides like furadan and methyl bromide, among others. Shortly after the birth of Talía they decided to abandon their farm and dedicate themselves to sustainable horticulture.

P.80–81 07/04/2015 Fracrán, provincia de Misiones. 04/07/2015 Fracrán, Misiones province.

P.82–98 2014–2017 Basavilbaso, provincia de Entre Ríos. Fabián Tomasi y familia. 2014–2017 Basavilbaso, Entre Ríos province. Fabián Tomasi and family.

P.100–101 30/11/2014 La Tigra, provincia de Chaco. Terrenos de la comunidad originaria Mocoví. 11/30/2014 La Tigra, Chaco province. Original Mocoví land.

P.102 03/04/2015 San Salvador, provincia de Entre Ríos. Avión aplicador de agroquímicos. 04/03/2015 San Salvador, Entre Ríos province. Agrochemical airplane applicator.

P.103 15/04/2015 Colonia Alicia, provincia de Misiones. Ademir Gotín. 04/15/2015 Colonia Alicia, Misiones province. Ademir Gotín.

P.104–105 15/04/2015 Colonia Alicia, provincia de Misiones. 04/15/2015 Colonia Alicia, Misiones province.

P.106–107 01/12/2014 Roque Sáenz Peña, provincia de Chaco. Los gemelos Aldo y Maximiliano Barrios padecen una grave afección por microcefalia congénita, una de las dolencias asociadas al empleo de neurotóxicos en la agricultura transgénica. Asisten a uno de los tantos establecimientos para discapacitados que año a año incrementan considerablemente su número. 12/01/2014 Roque Sáenz Peña, Chaco province. The twins Aldo and Maximiliano Barrios suffer from a serious condition due to congenital microcephaly, one of the diseases associated with the use of neurotoxins in transgenic agriculture. They attend one of the many facilities for the disabled, which increase in number considerably every year.

P.108–109 04/04/2015 General Campos, provincia de Entre Ríos. María Cecilia Ramírez tiene un hijo, Santiago, ocho, que tiene leucemia y es atendido desde hace años en el Hospital Garrahan de Buenos Aires. Viven en un terreno rodeado de campos fumigados. Un hermano de María Cecilia murió de cáncer y su padre, que vive en una casa situada en el mismo terreno que ella, padece la misma enfermedad. 04/04/2015 General Campos, Entre Ríos province. María Cecilia Ramírez has an eight-year-old son, Santiago, who suffers from leukemia and has been treated for years at Garrahan Hospital in Buenos Aires. They live on land surrounded by fumigated fields. A brother of María Cecilia died from cancer and her father, who lives in a house in her area, also suffers from the same disease.

P.110–111 18/11/2014 Santa Ana, provincia de Entre Ríos. 11/18/2014 Santa Ana, Entre Ríos province.

P.112–117 Colonia Alicia, provincia de Misiones. Lucas Techeira. Colonia Alicia, Misiones province. Lucas Techeira.

P.120–121 Mapa de los cinco viajes realizados entre 2014 y 2017 por las provincias de Entre Ríos, Misiones, Chaco, Córdoba y Santa Fe. Entre idas y vueltas el fotógrafo Pablo E. Piovano recorrió aproximadamente 15.000 kilómetros. Map of the five trips made between 2014 and 2017 to the provinces of Entre Ríos, Misiones, Chaco, Córdoba and Santa Fe. Driving back and forth, photographer Pablo E. Piovano traveled approximately 15,000 kilometers.

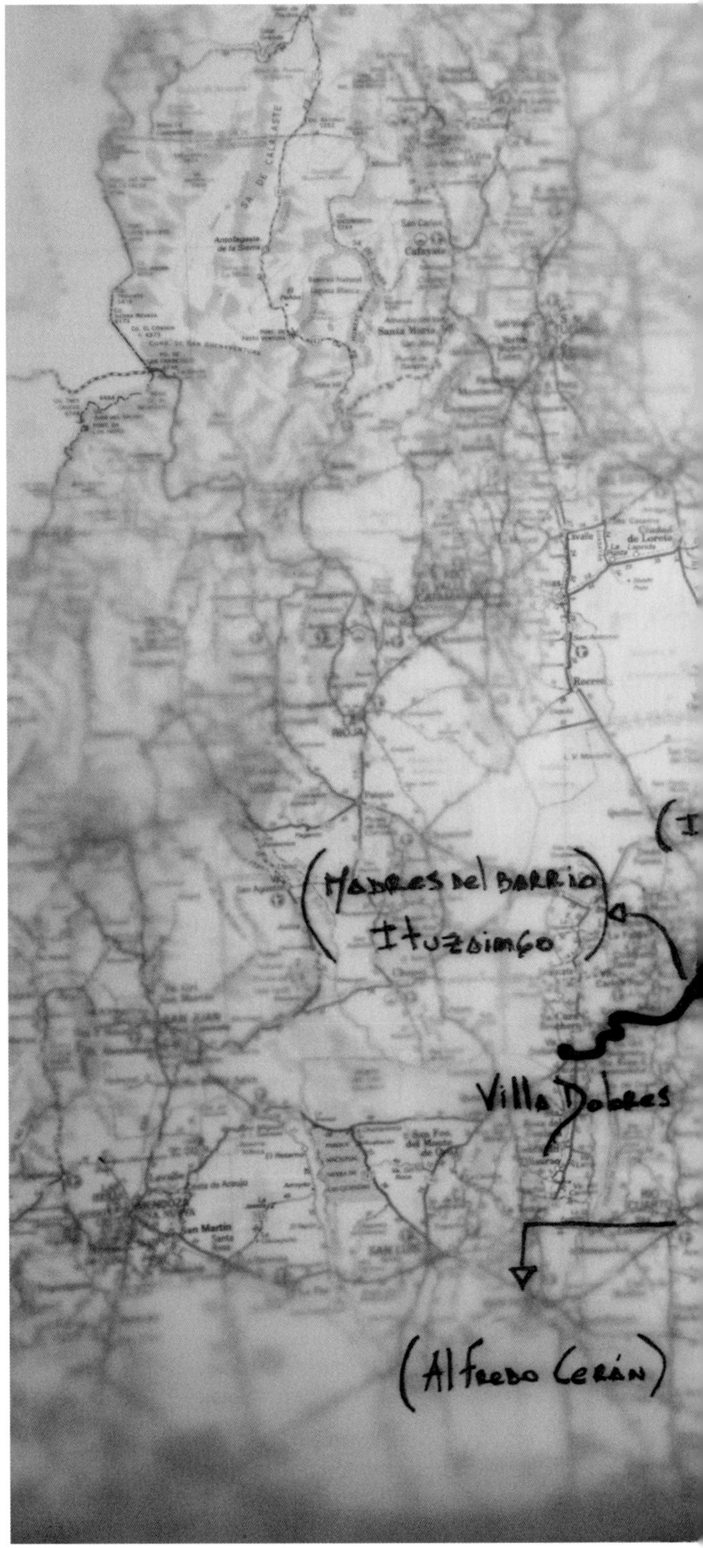

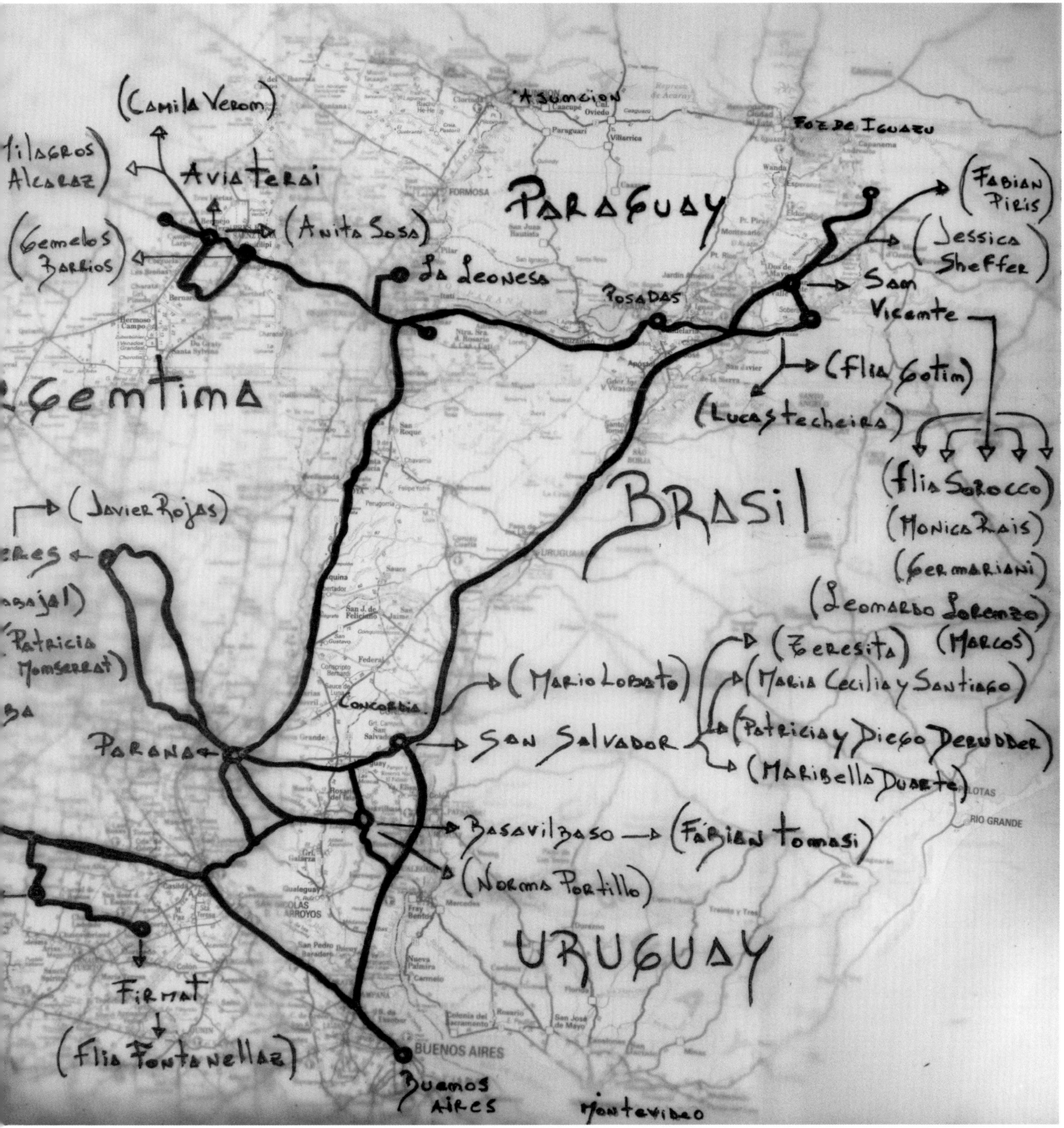
(Camila Verom)
Alcaraz
Aviaterai
(Anita Sosa)
(Gemelos Barrios)
La Leonesa
Asunción
Foz de Iguazu
Paraguay
(Fabian Piris)
(Jessica Sheffer)
Posadas
San Vicente
(Flia Gotin)
(Lucas techeira)
Brasil
(flia Sorocco)
(Monica Rais)
(Germariani)
(Leonardo Lorenzo)
(Marcos)
(Javier Rojas)
(Patricia Momserrat)
(Teresita)
(Mario Lobato)
(Maria Cecilia y Santiago)
Concordia
Paraná
San Salvador
(Patricia y Diego Derudder)
(Maribella Duarte)
Basavilbaso
(Fabian Tomasi)
(Norma Portillo)
Firmat
(Flia Fontanellaz)
Uruguay
Buenos Aires
Montevideo

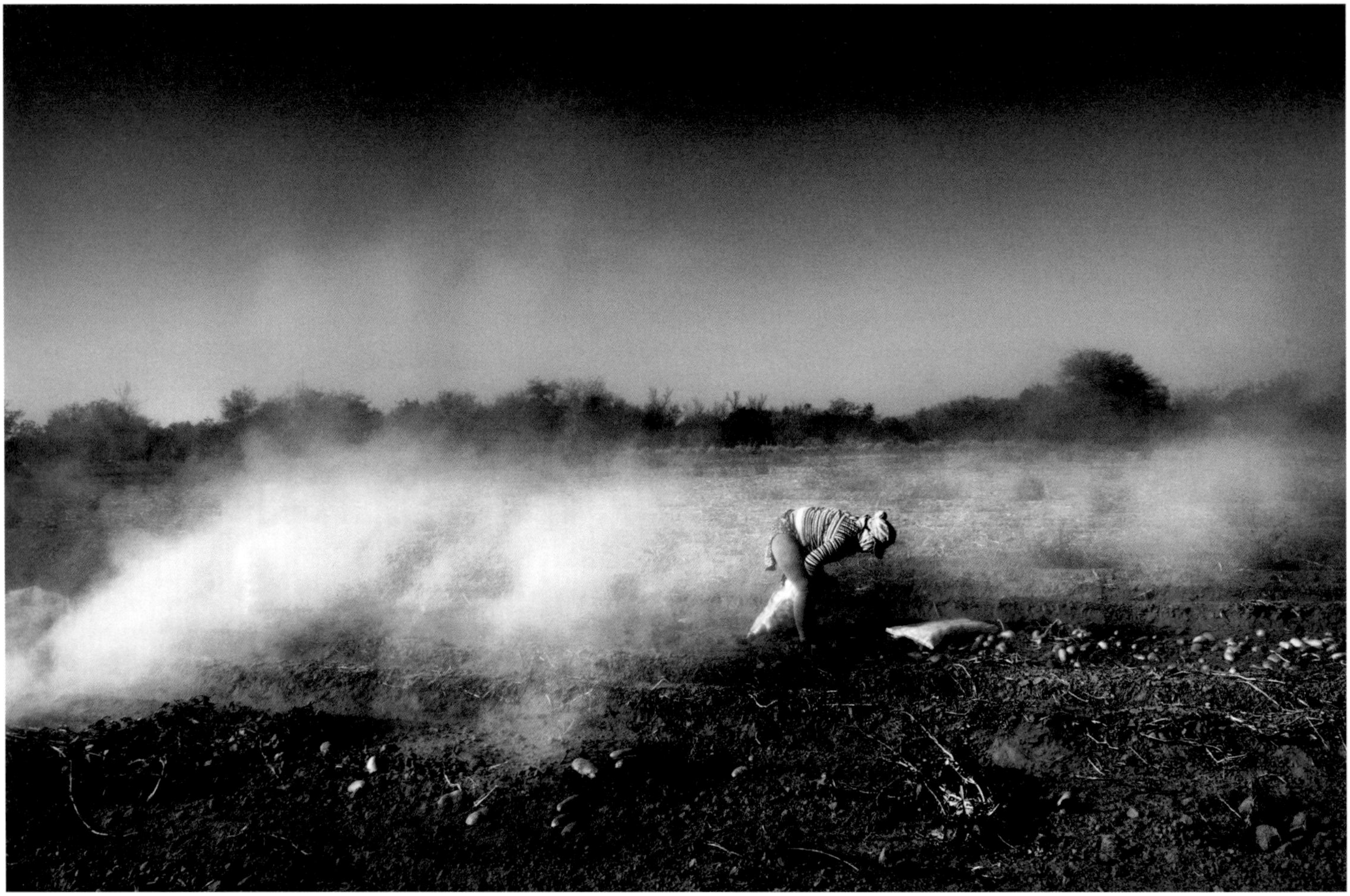

TIERRA SAGRADA. UN GENOCIDIO POR GOTEO
SACRED LAND. DRIP GENOCIDE

Pablo E. Piovano

Comencé este trabajo a fines de 2014. Los informes que llegaban desde la Red de Médicos de Pueblos Fumigados eran devastadores. Los medios concentrados casi no hablaban del tema. Aún lo siguen negando, en connivencia con el poder político y las grandes corporaciones del agronegocio que los silencian con pautas publicitarias. En aquel momento apenas existían publicaciones de pequeños medios alternativos y de la prensa extranjera. Lo que más ruido hacía era el silencio.

Entonces decidí salir a documentar por mis propios medios para ver qué estaba sucediendo con la salud de la gente que habita en los pueblos fumigados.

El primer paso fue a 400 kilómetros de Buenos Aires, donde vive Fabián Tomasi. Basavilbaso es un pueblo de 10.000 habitantes en la llamada "Pampa gringa", por el asentamiento de inmigrantes que llegaron al país escapando de la guerra a comienzos del siglo XX. Encontrarme con Fabián fue tan luminoso como estremecedor. Su cuerpo frágil y lacerado por los venenos es un grito urgente que golpea en la conciencia y que en el inconsciente nos coloca en los campos de exterminio.

Me sorprendió la pureza y la vivacidad de su espíritu y ver en él la dignidad de quien da la vida aceptando con lucidez su destino. Fabián tiene un humor y un ánimo casi inexplicable. Nunca escuché de su parte ninguna queja de dolor a pesar de que apenas puede desplazarse por sus propios medios y de que sus acciones cotidianas dependen de la ayuda de su madre Bety. Tampoco tiene rencor, pero sí un enojo profundo y simple frente a la avaricia del hombre. Pude ver con claridad que buena parte de sus esfuerzos están puestos en dejarle un ejemplo victorioso a su hija Nadia.

Sin quererlo, Fabián se ha convertido en el mayor símbolo de la lucha contra los agrotóxicos.

Conversar con Fabián durante cuatro días fue muy importante para comprender la magnitud del tema y esbozar un mapa de ruta para entrevistarme con médicos, científicos, ambientalistas y afectados. Seguí camino y visité pueblos de las provincias de Entre Ríos, Chaco y Misiones. A medida

I started this work in late 2014. Reports coming from "Red de Médicos de Pueblos Fumigados" [Physicians Network of Fumigated Peoples] were devastating. Consolidated media hardly spoke about the subject. They still continue denying it, in connivance with the political power and with the large agribusiness corporations silencing them with advertising guidelines.

At that time there were hardly any publications issued by small alternative media and by the foreign press. Silence was what made most noise.

So I decided to go out and document on my own to know what was happening to the health of the people living in the fumigated villages.

The first step was 400 kilometers from Buenos Aires, where Fabián Tomasi lives. Basavilbaso is a town of 10,000 inhabitants in the so-called "Pampa gringa", due to the settlement of immigrants who arrived in the country escaping from the war at the beginning of the 20th century. Meeting Fabián was as luminous as it could be. His fragile body, lacerated by poisons, is an urgent cry that hits us in the conscience and that places us in the fields of extermination in the unconscious.

I was surprised by the purity and vivacity of his spirit as well as by the dignity of one giving his life lucidly accepting his destiny. Fabián has an almost inexplicable humor and mood. I never heard any complaints of pain from him even though he can barely move on his own and his daily actions depend on his mother Bety's help. He has no bitterness but a deep and simple anger against the greed of men. I could clearly see that a good part of his efforts are due to giving a victorious example to his daughter Nadia.

Unintentionally Fabián has become the biggest symbol of the fight against agrochemicals.

Talking with Fabián for four days was very important in understanding the magnitude of the issue and outlining a roadmap for interviewing physicians, scientists, environmentalists and affected people. I followed my way and

17/09/2015, Villa Dolores, Cordoba.
09/17/2015, Villa Dolores, Cordoba province.

que me adentraba en el litoral y en el norte el escenario se hacía cada vez mas trágico.

Era muy fácil dar con los afectados en las zonas de impacto. Uno me llevaba al otro. Me abrieron la puerta de decenas y decenas de casas, donde me encontré una y otra vez con los mismos padecimientos: malformaciones congénitas, abortos espontáneos y cáncer. Íntimamente, el círculo repetido de relatos y afecciones fue desfigurando los rostros para fundirlos en un solo dolor y en un solo nombre: genocidio por goteo, genocidio silencioso.

Al año siguiente repetí el mismo recorrido y en viajes posteriores amplié el territorio de investigación a otras provincias. Durante todo el trabajo se hizo evidente la asociación de las enfermedades con la cercanía a campos de cultivos masivamente fumigados.

Endosulfan, metamidofos, clorpirifos, DDT, atrazina, 2,4-D (componente del Agente Naranja utilizado en la guerra de Vietnam) junto a otros tantos, son utilizados en el país, a pesar de que algunos de ellos han sido prohibidos.

La agricultura química con su paquete tecnológico de OGM rompió con la diversidad de las semillas que durante milenios intercambiaron las culturas de América.

Esto significó, además de la pérdida heredada de los inconmensurables regalos de la tierra, el desplazamiento de pueblos originarios y la tala intensiva de bosque nativo.

Lo que siempre ha sido alimento y energía vital para el hombre, hoy pareciera ser sólo negocio y mercancía.

¿Cómo es posible que en unas pocas manos quepan las semillas del mundo?

Quien pueda controlar los alimentos tendrá el control de nuestra salud. Y aquél que pueda controlar nuestra salud tendrá también el control sobre nuestra libertad.

Es imprescindible que recuperemos nuestra memoria y volvamos a comprender que la tierra es nuestra madre.

La vida es sagrada.

visited villages in the provinces of Entre Ríos, Chaco and Misiones. As I was entering into the shore and into the north the scenery became more and more tragic.

It was very easy in the impacted areas to meet those people affected. One led me to the other. Dozens and dozens of people opened up their homes to me and I found myself again and again before the same kinds of suffering: congenital malformations, miscarriages and cancer. Intimately, the repeated circle of stories and affections was disfiguring the faces to fuse them into a single pain and a single name: drip genocide, silent genocide.

The next year I went along the same route and in later trips I extended the territory of investigation to other provinces. During the whole work the association of the diseases with the proximity to cultures massively fumigated fields became evident.

Endosulfan, methamidophos, chlorpyrifos, DDT, atrazine, 2,4-D (a component of Agent Orange used in the Vietnam War) along with others, are used in the country, although some of them have been prohibited.

Chemical agriculture with its GMO technological package broke off with the diversity of seeds that the cultures of America exchanged for millennia.

This meant, in addition to the inherited loss of the immeasurable gifts of the land, the displacement of native peoples and the intensive logging of native forest.

What has always been food and vital energy for man today is only merchandise and business.

How is it possible that the seeds of the world fit in a few number of hands?

Whoever can control the food will have the control of our health. And if they can control our health they will also control our freedom.

It is imperative we recover our memory and feel again that the earth is our mother.

Life is sacred.

EL GRITO DE LOS INVISIBLES
THE CRY OF THE INVISIBLES

Damián Marino

GENERALIDADES

La superficie destinada a la producción agrícola en la Argentina ha registrado un aumento constante en los últimos 30 años. Desde 1996, con la introducción del primer organismo genéticamente modificado u OGM (soja transgénica resistente al herbicida glifosato), la superficie sembrada avanzó hasta alcanzar las 38 millones de hectáreas en 2016. La región compuesta por las provincias de Buenos Aires, Santa Fe, Córdoba, Entre Ríos y La Pampa soporta el 60 por ciento de toda la producción agrícola nacional.

Un rasgo destacado de estas décadas es el incremento del tamaño de las exportaciones argentinas, fundamentalmente a partir del 2002, que favoreció principalmente a grandes productores, con el consecuente aumento de la concentración en la propiedad de la tierra, el desplazamiento de pequeños productores, campesinos y comunidades originarias, y el éxodo de población rural hacia las ciudades. Provincias como Santiago del Estero o Chaco, donde montes autóctonos y comunidades campesinas vivían en armonía desde tiempos ancestrales, han sido destruidos para cultivar soja o maíz.

El actual modelo agroproductivo, basado principalmente en el monocultivo de variedades genéticamente modificadas y la pulverización de plaguicidas, está asociado a una serie de problemas ambientales y sociales, algunos de ellos de gran magnitud, que ponen en duda su permanencia en el tiempo y alejan a las prácticas modernas de producción de aquella agricultura caracterizada por un uso racional y renovable de los recursos naturales que alimentaba a los pueblos.

En la actualidad, se encuentran legalizadas en Argentina variedades de soja, maíz y algodón resistentes tanto a herbicidas como a insectos. Este modelo agrícola ha llevado a un aumento del 120% de la superficie cultivada en los últimos 20 años, al mismo tiempo que el consumo de plaguicidas creció en un 890% y el rendimiento de los cultivos sólo en alrededor del 50%.

Argentina es el segundo país a nivel mundial en cuanto a utilización de herbicidas por hectárea en sus sistemas

BACKGROUND

In the last 30 years Argentina has experienced frequent increases in the area of agricultural production. Since 1996, with the use of the first genetically modified organism or GMO—glyphosate herbicide-resistant transgenic soybean—the area sown in our country reached 38 million hectares during 2016. The region which includes Buenos Aires, Santa Fe, Córdoba, Entre Ríos and La Pampa provinces supports 60% of the nation's agricultural production.

A notable characteristic of these decades was the increase in Argentine exports, mainly since 2002, favoring large producers, increasing the land tenure concentration in fewer hands, displacing small producers, peasants and native communities as well as the rural population's exodus to the cities. To appreciate this, it is enough to visit the provinces in our country, such as Santiago del Estero or Chaco, where native hills and peasant communities who lived their lives in harmony since ancient times have been destroyed to grow soybean or maize, whereby their own characteristics become unprofitable and are quickly abandoned, giving way to large yellow deserts destroying the habitat of many families and native species.

The current agro-productive model, based mainly on genetically modified varieties of monoculture and spraying pesticides, is associated with a series of environmental and social problems, some of them very important, making us doubt about its permanence in time. These modern production practices stay away from the agriculture always considered the activity par excellence—rational and renewable use of the natural resources for feeding people.

Presently in Argentina, varieties of soybean, maize and cotton resistant to herbicides and insects are currently accepted. This agricultural model has led to an increase of 120% of the planted area over the last 20 years; at the same time consumption of pesticides increased about 890%, while crop yield increased only around 50%.

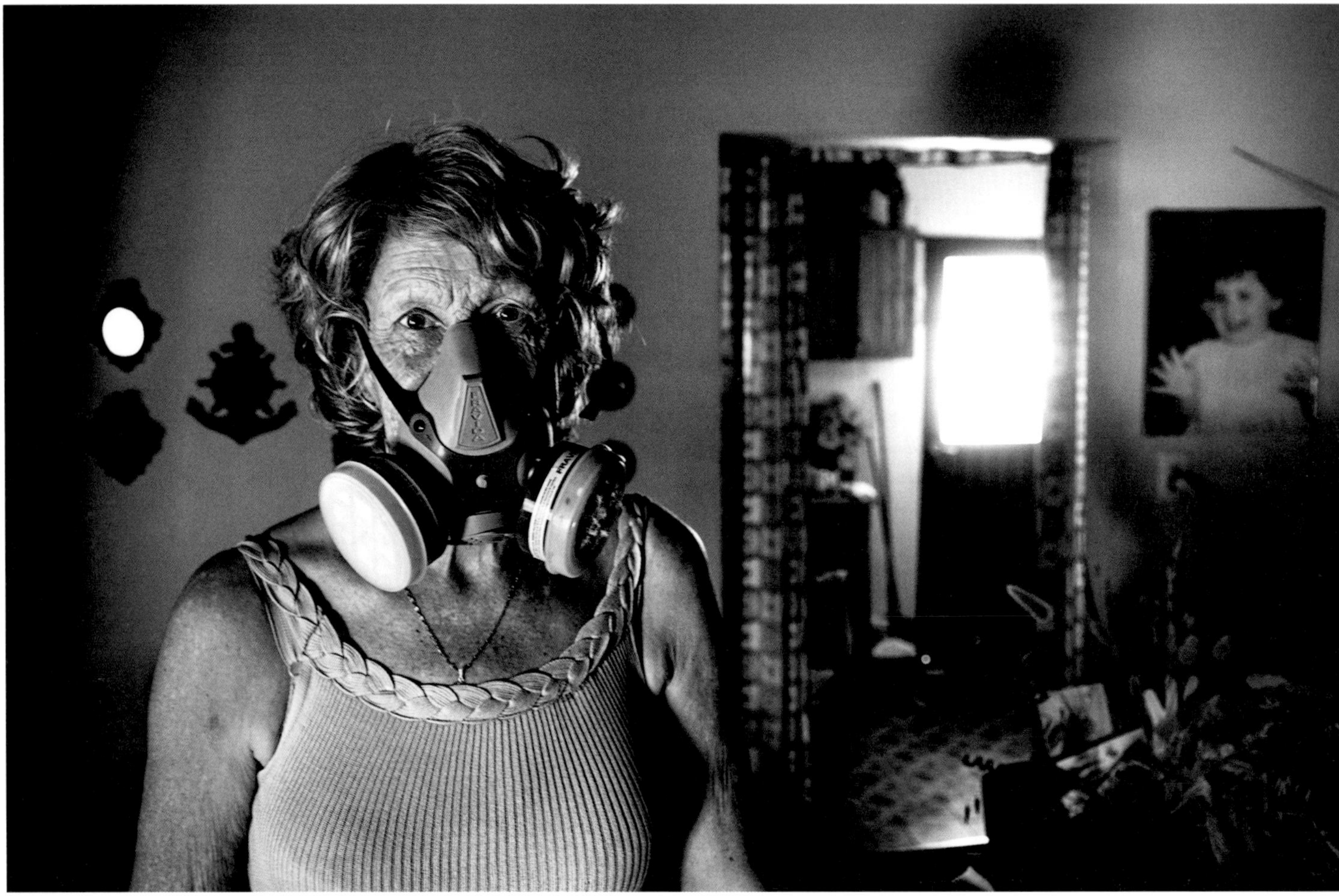

productivos y el que menos toneladas de granos produce por kilo/litro de herbicidas. En promedio, se aplican anualmente 8 litros/kilos por persona, una de las dosis más altas del mundo. Ese notorio incremento en el uso de agroquímicos no se refleja en el rendimiento de los cultivos.

IMPACTO EN EL AMBIENTE

Se identifican dos vías primarias de ingreso de plaguicidas al ambiente: por un lado los procesos directos de aplicación (pulverización-deriva) y por otro el suelo, donde por procesos de escorrentía, percolación, vaporización y erosión eólica e hídrica se movilizan hacia los demás compartimentos ambientales. En la mayoría de los casos, los plaguicidas son aplicados mediante la pulverización terrestre y aérea. Parte del volumen pulverizado no alcanza la zona objetivo y es

An average of eight liters/kilograms per person is applied annually in Argentina, making it one of the countries with the highest application rates per capita in the world. Argentina is second in the world for herbicide usage per hectare in its production systems and the country that produces the lowest grain tonnage per liter/kilogram of herbicide used. The high increase in agrochemical use is not reflected in the crop yield.

ENVIRONMENTAL IMPACT

There are two primary routes for the introduction of pesticides into the environment: one is the direct application process (spray-drift); the other is the soil, through which runoff, percolation, vaporization and wind and water erosion processes move pesticides to other environmental stra-

18/11/2014 Libaro, Entre Ríos. 08/11/2014 Libaro, Entre Ríos province.

transportado por el viento más allá del campo tratado y en condiciones desfavorables esta deriva puede alcanzar hasta el 50%. El otro mecanismo de ingreso es la emisión postaplicación de los plaguicidas por procesos de volatilización, que pueden continuar por varios días o semanas tras el evento de aplicación. Por ejemplo, hasta el 90% de algunos herbicidas residuales en las plantas potencialmente volátiles, como la atrazina, puede perderse en unos pocos días luego de la aplicación por estos fenómenos de reemisión.

GLIFOSATO, EL AGROTÓXICO MÁS UTILIZADO

Este herbicida es el agrotóxico base para cultivos de soja, maíz y algodón en el actual modelo productivo de OGM. Ello ha llevado a que distintas especies vegetales hayan desarrollado resistencia y de los 3 litros por hectárea al año al inicio del modelo se haya pasado a aplicar en la actualidad hasta 15–18 litros por hectárea, con el agravante de que se aplica en mezcla con hasta otros tres herbicidas a fin de lograr la efectividad buscada.

Esta situación es reflejada por su presencia en el ambiente, cuyos resultados han sido publicados en revistas científicas internacionales de alto impacto en la temática. Se han detectado glifosato y AMPA (su metabolito ambiental) en aguas de lluvias de la región pampeana.

Los ríos que atraviesan estas zonas están altamente impactados por la presencia no sólo de glifosato sino de otros compuestos del modelo agrícola como plaguicidas organoclorados, organofosforados y piretroides. Los niveles de plaguicidas superan los recomendados para la protección de la vida acuática.

ACCIONES COLECTIVAS

San Salvador, Entre Ríos, es la capital nacional del arroz, donde decenas de molinos arroceros procesan la producción de la región y además conviven con cultivos de soja y maíz. Un grupo de vecinos nucleados en *"Todos por Todos"* se moviliza en reclamo de acciones ante un escenario ambiental y de salud muy desfavorable y en 2015 dos universidades nacionales (Rosario y La Plata) realizaron una evaluación ecoepidemiológica.

Como resultados más relevantes, desde lo ambiental, detectaron en los ríos de la zona la presencia de insecticidas en niveles que afectaban la biota acuática. Además

ta. In most cases, pesticides are applied by ground or aerial spraying. Part of the sprayed volume does not reach the target zone and it is carried by the wind beyond the treated field and, under unfavorable conditions, this drift can reach up to 50%. Another mechanism is the pesticides' release by volatilization, which can continue for several days or weeks after application. For example, up to 90% of some herbicide residue, such as that of atrazine, can be released over a couple days.

GLYPHOSATE, THE MOST WIDELY USED AGROCHEMICAL

This herbicide is the basic agrochemical for the current GMO production model for soybean, corn and cotton crops. This has made several species of resistant plants, and the application of three liters per hectare per year at the beginning of the model is now up to 15–18 liters per hectare, with the aggravating fact that they are applied together with up to three other herbicides in order to achieve the desired effectiveness.

This situation is reflected by its presence in the environment and the results have been published in international scientific journals showing a high impact on the subject. Glyphosate and AMPA (its environmental metabolite) have been detected in rainwater in the Pampas region.

The presence of glyphosate and other agricultural model compounds such as organochlorine pesticides, organophosphates and pyrethroids has an important impact on rivers. The levels of pesticides exceed those recommended for the protection of aquatic life.

COLLECTIVE ACTIONS

San Salvador, Entre Ríos, is the national capital for rice; dozens of rice mills process the regional production as well as coexist with soybean and corn crops. A group of neighbors called *"Todos por Todos" ("All of us for all of us")* mobilize themselves against a very unfavorable environmental and health scenario, and in 2015 two national universities (Rosario and La Plata) carried out an eco-epidemiological evaluation.

The most environmentally relevant results show insecticide presence in the rivers of the zone at levels that affected the aquatic biota. In addition, concentrations of glyphosate and AMPA were high and widespread, reaching their maximum

las concentraciones de glifosato y AMPA eran elevadas y generalizadas, alcanzando sus máximas concentraciones en suelos urbanos como consecuencia de la "naturalización" del uso de plaguicidas. El resultado más grave fue que las concentraciones de partículas en el 70% de las muestras superó al máximo permitido por ley. Ante la pregunta "¿de qué mueren los habitantes de San Salvador?" concluyeron que el 39,7% en los últimos 15 años fue por tumores malignos, de los cuales priman los de pulmón, próstata, colon y mama.

"Los argentinos han visto cambiar la forma de enfermar y de morirse", relata el doctor Damián Verzeñassi. El caso de San Salvador es uno de los primeros donde se ha mostrado una asociación entre un escenario ambiental y un perfil de morbilidad/mortalidad.

Otro pueblo es Monte Maíz, en Córdoba, donde también se han desarrollado campamentos/estudios socioambientales entre las Universidades de Córdoba y La Plata. La localidad está rodeada de grandes extensiones de cultivos de soja y maíz. En las muestras ambientales de suelos y aguas se detectó glifosato, cipermetrina y clorpirifós, el grupo fundamental de agrotóxicos que forman el modelo. En este pueblo cordobés los abortos espontáneos triplican la media nacional y las malformaciones congénitas la superan en un 72%. En las conclusiones del informe se declara que Monte Maíz muestra un aumento de afecciones graves como neumopatías, cáncer, abortos, malformaciones congénitas, hipotiroidismo y colagenopatías, para las que existen fuertes indicios de que se desencadenan y/o acentúan en el contexto de la intensa contaminación por plaguicidas.

EL FUTURO EN RIESGO

El ambiente de las escuelas rurales constituye un medio especialmente significativo donde se promueven escenarios de exposición reiterada a agrotóxicos. Estos establecimientos se encuentran habitualmente inmersos en zonas de cultivo y/o en poblados rodeados por superficies cultivadas, con aplicaciones de estos compuestos, a escasos metros de las aulas. Se estima que alrededor de 700 mil chicos se encontrarían expuestos a la aplicación de agroquímicos en los alrededores de los establecimientos educativos rurales y periurbanos de Argentina.

Un ejemplo es el de la Escuela 11 de la localidad de Areco, provincia de Buenos Aires, donde mientras se realizaba la

concentrations in urban soils as a result of the "naturalization" of the pesticides' use. The most serious result was that particle concentrations in 70% of the samples exceeded the maximum allowed by law. What is the cause of death of the inhabitants of San Salvador? 39.7% of deaths in the last 15 years are due to malignant tumors, as well as significant numbers of lung, prostate, colon and breast tumors.

Dr. Damian Verzeñassi reports: "Argentine people are becoming conscious of a change in the way they get sick and die." The case of San Salvador is one of the first showing an association between an environmental scenario and a morbidity/mortality profile.

Another town is Monte Maíz, in Córdoba, where the Universities of Córdoba and La Plata have also developed socio-environmental camps/studies. The locality is surrounded by large soybean and corn areas. In the soil and water samples, glyphosate, cypermethrin and chlorpyrifos, the basic agrochemical group of the model, were detected. In this town of Córdoba, spontaneous abortions exceed three times the national average, and congenital malformations exceed them by 72%. The report's conclusions state that Monte Maíz has increased incidences of neuropathies, cancer, abortions, congenital malformations, hypothyroidism and collagenopathies; there are strong indications that these very serious conditions are triggered and/or accentuated by the context of intense pesticide pollution.

THE FUTURE AT RISK

Rural schools represent a scenario particularly important for promoting repeated exposure to pesticides. These facilities are usually immersed in cultivated areas and/or in rural villages surrounded by cultivated areas, wherein these compounds are applied a few meters from their classrooms. It is estimated that about 700,000 children are exposed to the application of agrochemicals in rural and suburban educational facilities in Argentina.

Among the cases to be mentioned is School 11, in the town of Areco, Buenos Aires province, in which it was possible to watch during a visit a plane and a "Mosquito" (ground sprayer) in simultaneous fumigation, to listen to mothers' stories about all the health consequences to children after the spraying, or the story of the teacher Ana Zabaloy, who with her white dress was fumigated on her

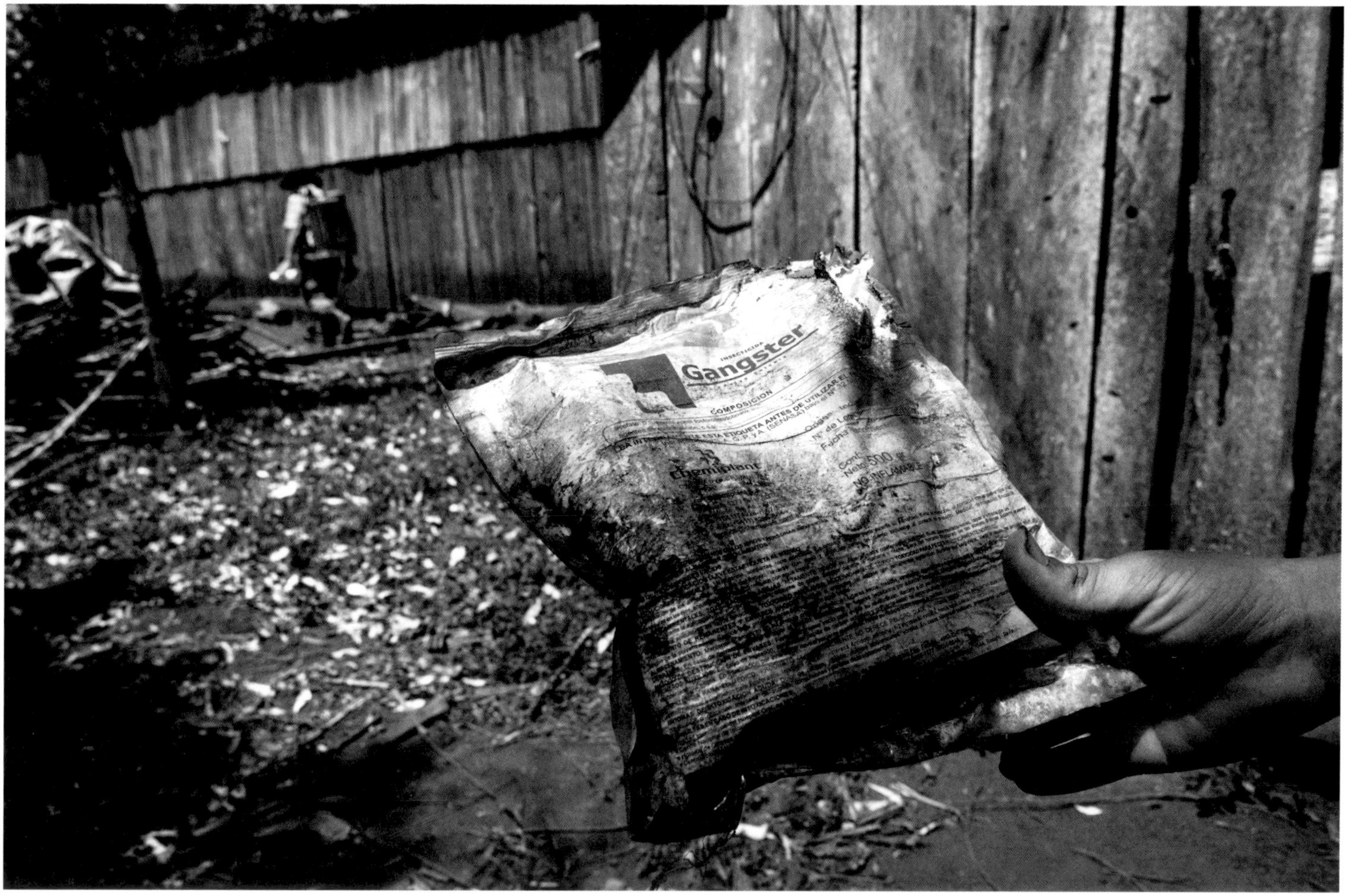

08/12/2014 San Vicente, Misiones. 12/08/2014 San Vicente, Misiones province.

visita se pudo ver en acción a un avión y a un mosquito en fumigación simultánea, o escuchar el relato de las madres de los niños de las consecuencias sobre la salud en los días posteriores a las aplicaciones, o el de la maestra Ana Zabaloy, que con su guardapolvo blanco fue fumigada en su camino a la escuela. Los análisis de suelo y aire confirmaron la contaminación con agrotóxicos.

Un último estudio en escuelas de la provincia de Entre Ríos, articulado con la campaña "Paren de fumigar las escuelas" y el gremio de docentes AGMER, confirmó la presencia de glifosato en aire perimetral de siete establecimientos educativos, así como niveles de dos insecticidas (cipermetrina y clorpirifós) a valores que representan un riesgo para la salud infantil. Estos resultados ponen en evidencia, por un lado, el daño genético de niños que habitan cerca de zonas fumigadas

way to school. The soil and air analysis confirmed contamination with agrochemicals.

A recent study in the schools in the province of Entre Ríos, together with the "stop fumigating schools" campaign and the AGMER teachers' union, confirmed glyphosate presence in the perimeter air of seven educational facilities as well as levels of two insecticides (cypermethrin and chlorpyrifos) that represented a health risk for those who attend these rural schools. These results show on the one hand the genetic damage in children who live near the fumigated areas and on the other, the proven exposure to pesticides; future generations who live in these places will be clearly facing the vulnerable situation of being born, living and studying in those localities surrounded by the transgenic model.

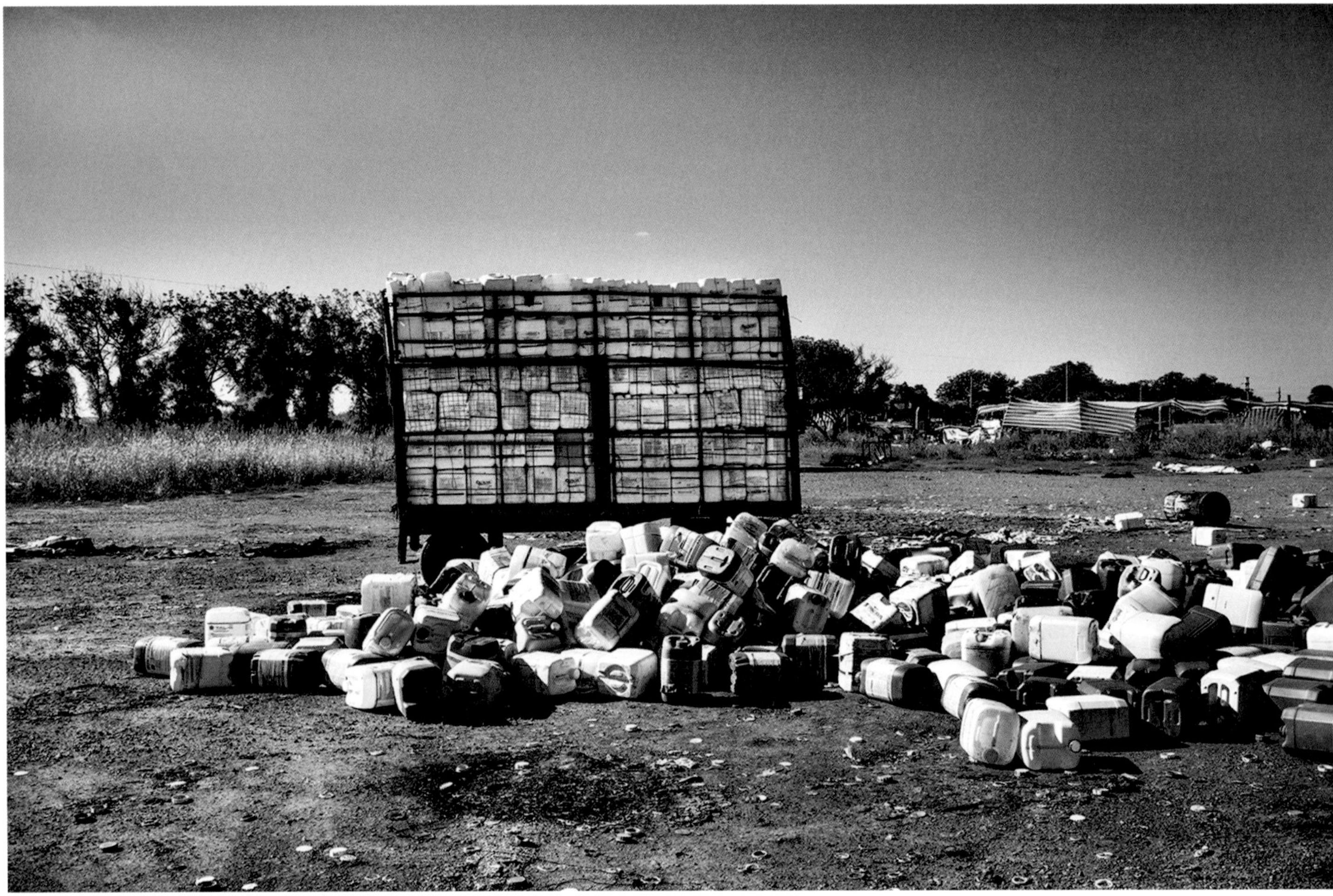

y por el otro la exposición probada a agrotóxicos, que claramente pone a las generaciones futuras frente a una situación de vulnerabilidad por el solo hecho de nacer, vivir y estudiar en esas localidades sometidas al modelo transgénico.

Los lectores de este libro, los observadores de las fotografías que lo componen, verán en las imágenes capturadas por Pablo E. Piovano "El grito de los invisibles": personas que vieron alterada su vida, su condición social y su ambiente, y que han visto robada su salud y su historia como consecuencia de un mundo ambicioso y capitalista que busca desarrollarse a cualquier costo, aún el humano.

The readers of this book may perceive in the images captured by Pablo E. Piovano "the cry of the invisibles" — people who have seen their lives, their social conditions and their environments altered; who have been robbed of their health and their history as a result of an ambitious and capitalist world which seeks to develop at any cost, including human.

19/12/2016
Ceres, Santa Fe.
12/19/2016
Ceres, Santa Fe
province.

UN EXPERIMENTO MASIVO
A MASSIVE EXPERIMENT

Darío Aranda

Ailén conoció el modelo agropecuario a los cinco días de nacer. Fumigaron el campo de soja ubicado frente a su casa y tuvo su primera intoxicación con agroquímicos.

Viviana Peralta, ama de casa, mamá de Ailén, se organizó junto a sus vecinos del humilde barrio Urquiza (localidad de San Jorge, provincia de Santa Fe) y presentó en marzo de 2009 un recurso de amparo ante el Poder Judicial. El Juzgado Civil le dio la razón a Viviana y los vecinos. Prohibió fumigar con agroquímicos a menos de 800 metros de viviendas familiares (si el método utilizado era terrestre) y a 1500 metros (si la aspersión era mediante avionetas). En diciembre de 2009, en segunda instancia, la Cámara de Apelaciones en lo Civil y Comercial volvió a darle la razón y solicitó al gobierno provincial y a la Universidad Nacional del Litoral (UNL) que demuestren que los agroquímicos no eran perjudiciales para la salud. De esta manera, por primera vez, se invirtió la carga de la prueba: era una regla que los vecinos y campesinos intoxicados tuvieran que demostrar las afecciones en la salud, pero el Poder Judicial resolvió que serían los impulsores del modelo de agronegocio quienes tendrían que demostrar la inocuidad de los químicos.

Ni empresas ni gobiernos pudieron demostrar que los plaguicidas no afectaban la salud. Tuvieron que dejar de fumigar en esa zona y Ailén no volvió a enfermar.

La localidad de San Jorge forma parte de la codiciada pampa húmeda, donde el modelo agropecuario de cultivos transgénicos rara vez es cuestionado.

San Jorge no es un caso aislado. En Argentina hay una decena de fallos judiciales que frenaron fumigaciones y alertaron sobre los efectos en la salud. Pero compañías, funcionarios, productores y medios de comunicación repiten una excusa: "No hay pruebas", aunque en Argentina hay más de 100 estudios de universidades públicas que dan cuenta de las consecuencias de los agrotóxicos. Muchos de ellos sobre el glifosato (el más utilizado), pero también sobre atrazina, endosulfán y 2,4-D, entre otros. Lo que nos recuerda que el problema no es un agroquímico, el problema es el modelo de agronegocio, en base a transgénicos y venenos.

Ailén suffered five days after her birth from the bad consequences of the agricultural model. The soybean field in front of her house was fumigated and she suffered the first agrochemical poisoning.

Viviana Peralta, a housewife and Ailén's mother, organized with her neighbors of the humble neighborhood Urquiza (San Jorge, Santa Fe province) and filed in March 2009 a legal petition under the Judicial Power. The Civil Court supported the claim made by Viviana and the neighbors. The Court prohibited agrochemical spraying within 800 meters (if done terrestrially) or 1500 meters (if done by airplane) from houses. In December 2009, the Civil and Commercial Appeals Chamber, in a second hearing, supported them again and ordered the provincial government and the Universidad Nacional del Litoral (UNL) [National University of the Littoral] to demonstrate agrochemicals were not harmful to health. For the first time, the burden of proof was reversed: before, the rule was that the intoxicated neighbors and peasants had to demonstrate bad health conditions, but then the Court ordered the agribusiness model leaders to demonstrate the safety of the chemicals.

It could not be demonstrated by the companies nor government that the pesticides did not affect health. They had to stop fumigating in the area and Ailén did not get sick again.

The locality of San Jorge forms part of the highly desired pampa húmeda (wet pampas), where the agricultural model of transgenic crops is rarely questioned.

San Jorge is not an isolated case. There are a dozen legal judgments in Argentina that stopped fumigations and alerted their health effects. But companies, officials, producers and the media always repeat an excuse: "There is no evidence," however, there are more than 100 studies from public universities in Argentina that demonstrate the bad consequences of pesticides, many of them on glyphosate (the most used), but also on atrazine, endosulfan and 2,4-D among others. This reminds us that the problem is not a single agrochemical, rather the agribusiness model which is based on transgenic crops and poisons.

Para los que aún niegan la realidad, alcanza con visitar los cientos de pueblos sacrificados por el agronegocio. Avia Terai y La Leonesa (Chaco), San Salvador (Entre Ríos), Barrio Ituzaingó y Monte Maíz (Córdoba), son sólo algunos de la larga lista.

También pueden conocer la experiencia de Malvinas Argentinas, localidad de la provincia de Córdoba que durante cuatro años luchó para que no se instale la mayor planta de Monsanto (de maíz transgénico). No creyeron en las promesas de trabajos ni el supuesto cuidado del ambiente que tendría la compañía. Nunca Monsanto fue echada de una localidad. La población de Córdoba logró lo que parecía imposible. Los vecinos sabían (y saben) que Monsanto es un emblema del modelo de agronegocio, que tiene amplias consecuencias ambientales, sociales y sanitarias.

Andrés Carrasco (científico que investigó los efectos del glifosato, y le valió una enorme campaña de desprestigio) afirmaba: "Yo sólo confirmé lo que madres, campesinos, indígenas denuncian desde hace años. La verdad no está en un laboratorio, la verdad se encuentra en los centenares de pueblos que son la prueba viva de la emergencia sanitaria".

Esa verdad es la que Pablo E. Piovano capturó con su cámara. Imágenes que reflejan el experimento masivo, a cielo abierto, que implica el modelo transgénico.

For those who still deny reality, it is enough to visit the hundreds of villages victimized by agribusiness. Avia Terai and La Leonesa (Chaco), San Salvador (Entre Ríos), Barrio Ituzaingó and Monte Maíz (Córdoba), are just some on the long list.

You can also get acquainted about the experience in Malvinas Argentinas, a town in the province of Córdoba that fought four years against the building of the Monsanto's largest plant (for transgenic maize) in the locality. They did not believe in the promises of new jobs or in the care of the environment that the company would supposedly exercise. Until then, Monsanto was never thrown out from a locality. The population of Córdoba achieved what seemed impossible. The neighbors knew (and know) that Monsanto is an emblem of the agribusiness model, which has broad, negative environmental, social and health consequences.

Andrés Carrasco (a scientist who investigated the effects of glyphosate and had to endure a huge smear campaign) said: "I only confirmed what mothers, peasants, indigenous people denounced for years. The truth is not in a laboratory, the truth is in the hundreds of villages that are living proof of the sanitary emergency."

That truth is what Pablo E. Piovano captured with his camera—images that reflect the massive, open-pit experiment involving the transgenic model.

MADRES DE ITUZAINGÓ
MOTHERS OF ITUZAINGÓ

Patricio Eleisegui

Se las escucha.

Desde las entrañas de una tierra esculpida en el barro de las luchas populares. La provincia de Córdoba, en el centro geográfico de la Argentina, aún respira el aire de reivindicaciones sociales como las ocurridas a fines de mayo de 1969. Desde allí hasta hoy, la resistencia ante el que oprime integra la piel de quienes habitan un mapa, un cuerpo de sierras, ríos y llanuras, que obnubila al capital.

Las gestas del siglo pasado sumaron un apéndice más cuando, ya a fines de 2001, un grupo de mujeres irrumpió en las calles para contar que sus hijos, incluso sus mismos cuerpos, se marchitaban por un viento de muerte llegado del vecino suelo labrado.

Cristina, Vita, Chavela, Corina, Norma, María, Rita, Sofía, son algunos de los nombres que a fuerza de militar el padecimiento, la pérdida personal, tradujeron el sufrimiento en palabras. Las peores posibles: leucemia, cáncer de mama, lupus, aborto espontáneo, malformación, linfoma.

Más de 300 casos de cáncer.

Enclavados en un barrio de la periferia de Córdoba capital que dio origen a un grupo que todavía brega por frenar el uso de agroquímicos en la producción de alimentos: las Madres de Ituzaingó.

El escenario en torno a esos hogares no podía ser peor. Los insecticidas brotaban de las canillas. La sangre de los niños, un torrente teñido de herbicidas. Condescendientes con el desastre, los gobiernos crean comisiones para desalentar el reclamo.

Lloverán ficciones de políticos que apostarán por mucho tiempo al olvido como herramienta para desarticular el reclamo. Con el correr de las acciones quedará a la vista la desidia de un Estado que todavía privilegia el interés económico privado por sobre la supervivencia básica de todos aquellos a los que debe representar.

Las Madres de Ituzaingó, a la par del combate contra sus propias enfermedades, sobrellevando el final de muchos de sus seres queridos, marcarán un hito en agosto de 2012. Lograrán alzarse con una condena penal sobre el productor

They are heard.

From the depths of a land shaped in the mud of popular struggles. The province of Córdoba, the geographical center of Argentina, still breathes the air of social activism as it did at the end of May 1969. Since then, resistance to oppression resides in the souls of those inhabiting mountain ranges, rivers and plains, which confuse the capital.

To the list of heroic deeds of the last century another entry was added in 2001, when a group of women invaded the streets to cry that their children, and even their own bodies, were wilted by a wind of death from the neighboring tilled soil.

Cristina, Vita, Chavela, Corina, Norma, María, Rita, Sofia are but some of the names of those forced to permanently bear the suffering, the personal loss, translated into the worst possible words: leukemia, breast cancer, lupus, miscarriage, malformation, lymphoma.

More than 300 cases of cancer.

Trapped in a neighborhood on the outskirts of the capital of Córdoba which gave rise to a group still struggling to stop the use of agrochemicals in food production—the Mothers of Ituzaingó.

The scenario around these households could not be worse. Insecticides fly from garden taps. Children's blood, a torrent tinted with herbicides. Complaisant with the disaster, governments create commissions to discourage the claim.

Falling like rain is the fiction of politicians who use the forgetfulness of time as a tool to dismantle the claim. The neglect of a State, which still prioritizes private economic interest over the basic survival of those it is obliged to serve, will be exposed within the course of its actions.

The Mothers of Ituzaingó, amidst fighting their own diseases and witnessing life's end for many of their loved ones, reached a milestone in August 2012. They succeeded in securing criminal convictions of the producer and

y el aviador que envenenaron la tierra, el agua y el aire de una población condenada únicamente por vivir al lado de los cultivos de soja transgénica. Víctimas del glifosato. Mártires del endosulfan.

Por una vez, victoria de los sin voz.

El barrio resulta inhabitable, reconocen en ese momento todos los especialistas convocados por la Justicia.

Eso fue hace casi cinco años.

Por estas horas, el mal continúa escurriéndose en los hogares. Los enfermos agotan sus días a manos de la impericia

the aviator who poisoned the land, the water and the air, condemning a population only for living near the transgenic soybean crops. Victims of glyphosate. Martyrs of endosulfan.

Finally, victory for the voiceless.

All the specialists convened by the Judges recognized at that moment that the neighborhood is uninhabitable.

That was almost five years ago.

Nowadays evil continues sneaking into homes. The sick exhaust their days at the hands of the political malpractice

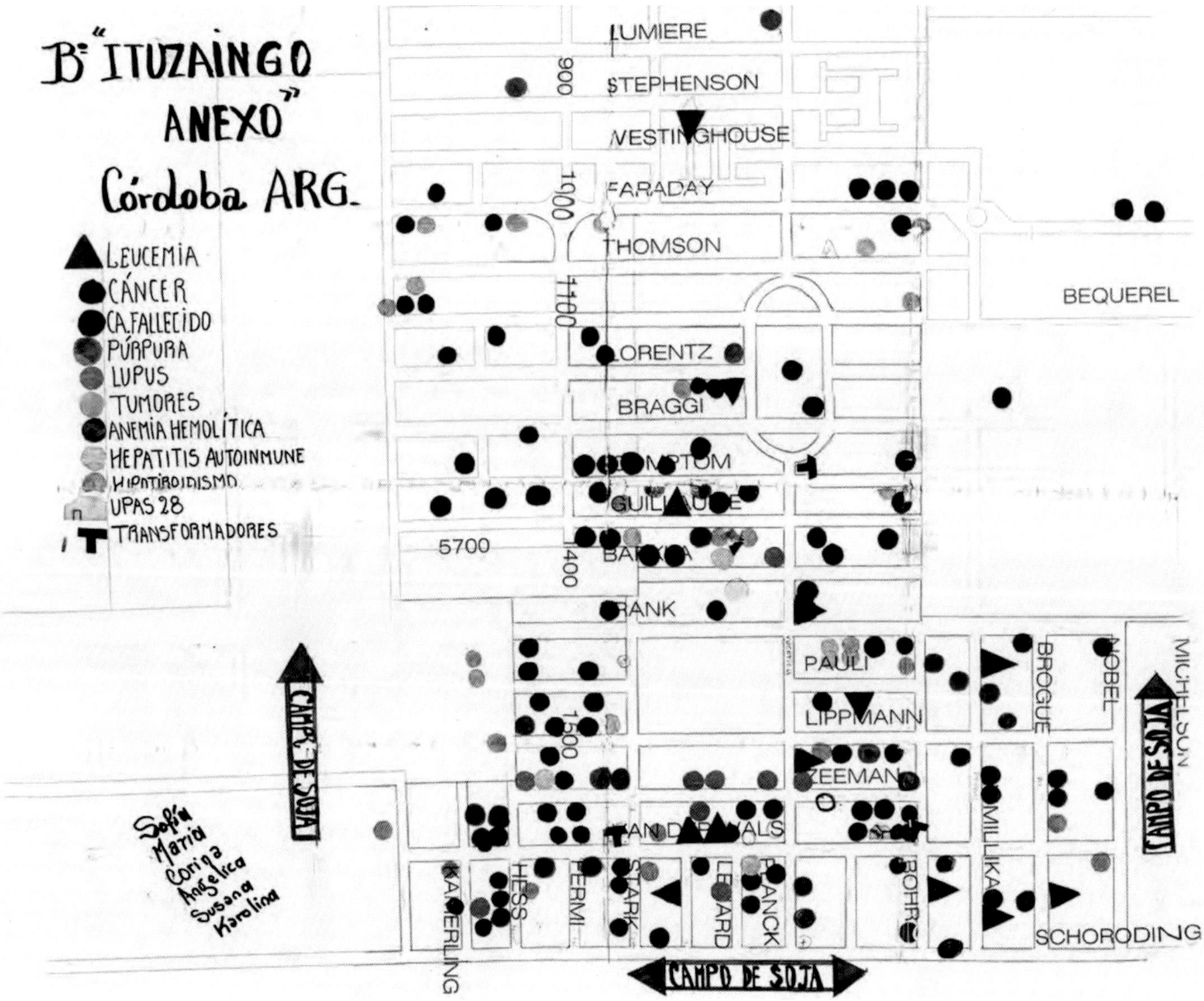

política que siempre apuesta en contra de los débiles. Ituzaingó hoy es más extenso, más populoso, más desigual. El suelo tóxico se mimetiza con nuevas viviendas promovidas por los mismos que en su momento se ocuparon de minimizar la muerte. La verdad, es sabido, muchas veces resulta insoportable.

Pero las Madres están ahí.

Firmes desde un dolor que alienta el compromiso.

Reconocidas. Reconocibles.

Se las escucha.

Aferradas a la certeza de que el único porvenir posible deviene de un sacrificio que, lo cuentan sus acciones, han decidido llevar hasta el final aunque en ello se les vaya el cuerpo.

always betting against the weak ones. Ituzaingó today is more extensive, more populous, more unequal. The toxic soil is mixed with new housing promoted by the same people who were once involved in downplaying the deaths. It is known that the truth is often unbearable.

But the Mothers are there.

Steadfast from a pain that encourages commitment.

Recognized. Recognizable.

They are heard.

Bound to the certainty that the only possible future comes from a sacrifice that, their actions tell us, will continue until the end, though their bodies in the meantime may disappear.

PENSAMIENTOS INCONVENIENTES: EL AGENTE NARANJA Y OTROS QUIMICOS
INCONVENIENT THOUGHTS: AGENT ORANGE AND OTHER CHEMICALS

Wendy Watriss

Más de 50 años después de la guerra de Vietnam y de la fumigación aérea de más de 19 millones de galones del potente herbicida Agente Naranja sobre 12.000 millas cuadradas (3.100.000 hectáreas) de tierra con el fin de destruir la cubierta forestal de las tropas enemigas y los cultivos que podrían utilizarse para su alimentación, cada vez hay más acusaciones sobre el impacto del herbicida sobre la vida humana y el medio ambiente a largo plazo. El Agente Naranja se realizó de una mezcla 50–50 de los herbicidas domésticos comunes 2,4-D, 2,4,5-T fabricados por Monsanto, Dow Chemical y otras cinco empresas químicas. Entre dos y cuatro millones de personas fueron afectadas: los veteranos de guerra de los Estados Unidos, Vietnam, Laos, Australia, Corea del Sur y Nueva Zelanda; agricultores y civiles de Vietnam, Laos y Camboya. Ellos están informando trastornos genéticos graves en sus hijos, cánceres, tumores, enfermedades inmunológicas, entumecimiento, erupciones cutáneas graves y pérdida de la visión.

Las enfermedades atribuidas al Agente Naranja se registraron en las imágenes que realicé de los veteranos de la Guerra de Vietnam que estuvieron expuestos al Agente Naranja y en las fotos que más tarde reuní de los veteranos de Australia y Corea del Sur y particularmente de los veteranos vietnamitas y de los agricultores que trabajaban en áreas de Vietnam que recibieron una fuerte fumigación con el Agente Naranja. Todas están íntimamente relacionadas con los problemas de salud y las experiencias de los ciudadanos argentinos documentados por Pablo E. Piovano y mostrados en este libro. Cuando vi la obra de Pablo y el video que la acompaña, me asombraron las similitudes de lo que habíamos visto en diferentes partes del mundo: el sufrimiento humano relacionado con la fumigación con herbicidas, la falta de preocupación por la salud humana mostrada por las autoridades públicas y las subsiguientes negaciones de responsabilidad pública por parte de las instituciones gubernamentales.

En los Estados Unidos, que fue el responsable de las fumigaciones desde el año 1961 a 1972, miles de veteranos tienen hijos nacidos con malformación ósea, problemas

More than 50 years after the Vietnam war and the aerial spraying of more than nineteen million gallons of the powerful herbicide Agent Orange over 12,000 square miles (3,100,000 hectares) of land to destroy forest cover for enemy troops and the crops they might use for food, there are increasing allegations about the herbicide's long-term impact on human life and the environment. Agent Orange was a 50–50 mixture of the common domestic herbicides 2,4-D and 2,4,5-T made by Monsanto, Dow Chemical and five other chemical companies. Two to four million people are affected: veterans of the war from the United States, Vietnam, Laos, Australia, South Korea and New Zealand; farmers and civilians from Vietnam, Laos and Cambodia. They are reporting cancers, tumors, immunological diseases, numbness, severe skin rashes, loss of vision and severe genetic disorders in their children.

The illnesses attributed to Agent Orange recorded in the images I made of U.S. Vietnam War veterans exposed to Agent Orange, and the pictures I later gathered of Australian and South Korean veterans, and particularly those of Vietnamese war veterans and farmers working in areas of Vietnam heavily sprayed with Agent Orange, all closely parallel the health problems and experiences of the Argentine citizens documented by Pablo E. Piovano and shown in this book. When I saw Pablo's work and its accompanying video, I was haunted by the similarities of what we had seen in very different parts of the world—the human suffering related to the spraying of herbicides, the lack of concern for human health shown by public authorities and the subsequent denials of public responsibility by governmental institutions.

In the United States, which was responsible for the spraying from 1961 to 1972, thousands of veterans have children born with malformed bones, respiratory problems and tumors. Veterans themselves suffer from a variety of soft tissue cancers, liver and pancreatic disorders, severe skin problems, impaired circulation of blood and oxygen in

respiratorios y tumores. Los propios veteranos sufren de una variedad de cánceres de tejidos blandos, trastornos hepáticos y pancreáticos, enfermedades graves de la piel, alteración de la circulación sanguínea y del oxígeno en el cuerpo, diabetes tipo 2, deterioro de los sistemas inmunológico y neurológico, disfunción muscular, entumecimiento y pérdida de la masa muscular en sus extremidades, síntomas de envejecimiento prematuro, enfermedades oculares y pulmonares.

> *Incluso cuando no estás enfermo, tenés miedo. Miedo de que vayas a estar más enfermo, o de que tus hijos vayan a nacer enfermos. Vivis con este miedo todo el tiempo.*
>
> Al Marcotte, veterano de guerra de Vietnam, EE.UU.

Miles de hombres, sus esposas e hijos aún viven con este temor. Para muchos, este temor se ha convertido en realidad. Aunque las causas exactas de estos síntomas nunca se pueden definir completamente, la naturaleza de estas enfermedades y la forma en que se han desarrollado en las personas se relacionan estrechamente con los efectos bien documentados del envenenamiento químico tóxico. Los trabajadores agrícolas, los trabajadores de las fábricas y los civiles expuestos al producto químico, la dioxina y sus productos químicos constitutivos han experimentado y experimentan problemas similares. La dioxina era un subproducto del componente químico 2,4,5-T en el Agente Naranja. Los estudios médicos han definitivamente demostrado que la dioxina es cancerígena. La Agencia de Protección Ambiental de los Estados Unidos (EPA por sus siglas en inglés) ha prohibido su uso desde 1979 debido a que existen muchos riesgos para la salud asociados con el mismo. La dioxina estaba presente en el Agente Naranja en cantidades mucho mayores que las permitidas anteriormente para el uso civil de los herbicidas, pero no se tomaron precauciones especiales para proteger a los soldados que estaban en contacto con el producto químico. Los soldados recuerdan que les dijeron que era "inofensivo".

Para los veteranos estadounidenses que comenzaron a expresar sus temores a finales de los años 70, ha sido una lucha larga, solitaria y trágica. Durante años, los organismos gubernamentales estadounidenses, los oficiales militares, los políticos, los fabricantes de productos químicos y muchos científicos rechazaron los reclamos de los veteranos. La carga de la prueba cayó sobre los veteranos y sus familias. El acuerdo

the body, Type 2 diabetes, deterioration of the immune and neurological systems, numbness and loss of bodily extremities, symptoms of premature aging, muscular dysfunction and eye and lung diseases.

> *Even when you aren't sick, you're afraid. Afraid you're going to get sicker, or that your children will be born sick. You live with this fear all the time.*
>
> Al Marcotte, Vietnam War veteran, U.S.

Thousands of men, their wives and their children still live with this fear. For many, this fear has become a reality. Although the exact causes of these symptoms may never be completely defined, the nature of these illnesses and the way they have developed in people, closely relate to well-documented effects of toxic chemical poisoning. Agricultural laborers, factory workers and civilians exposed to the chemical dioxin and its constituent chemicals have experienced and are experiencing similar problems. Dioxin was a byproduct of chemical component 2,4,5-T in herbicide Agent Orange. Medical studies have shown definitively that dioxin is carcinogenic. The U.S. Environmental Protection Agency (EPA) has banned the use of 2,4,5-T since 1979 because of the many health hazards associated with it. Dioxin was present in Agent Orange in much larger amounts than previously allowed for civilian use of herbicides, but no special precautions were taken to protect soldiers in contact with the chemical. Soldiers remember being told it was "harmless".

For U.S. veterans who began to voice their fears in the late 1970's, it has been a long, lonely and tragic struggle. For years, U.S. government agencies, military officials, politicians, chemical manufacturers and many scientists dismissed veterans' claims. The burden of proof was placed on veterans and their families. The 1984 class action U.S. court settlement of $180 million with the chemical companies producing Agent Orange gave the appearance of justice. In reality, it served to hide real evidence of responsibility and protect the U.S. government, the U.S. military and chemical manufacturers from further liability. The division of money from the settlement has barely covered the medical care and scientific research needed for the thousands of veterans and their families who were part of the lawsuit. But the

judicial del año 1984 causado por la demanda colectiva en los Estados Unidos por 180 millones de dólares contra las compañías químicas productoras del Agente Naranja dio la sensación de justicia. En realidad sirvió para esconder pruebas reales de responsabilidad y para proteger al gobierno estadounidense, a los fabricantes militares y químicos de EE.UU. de una responsabilidad adicional. La división del dinero de dicho acuerdo judicial apenas ha cubierto la atención médica y la investigación científica necesarias para los miles de veteranos y sus familias que fueron parte en la demanda. Pero la demanda judicial, la consiguiente atención de los medios de comunicación y la continua lucha de los veteranos tuvo como resultado una legislación del gobierno norteamericano que obliga a la Administración de Veteranos a reconocer la exposición al Agente Naranja como una causa legítima de indemnización pública y de tratamiento médico.

"Es una cuestión importante. A pesar de que no podemos decir definitivamente todo lo que hace, lo que nos parece ver en el hombre hasta ahora es aterrador", decía el Dr. Marvin Legator, un respetado toxicólogo genético y ex director de la División de Ciencias Ambientales de la Universidad de Texas Rama Médica, Galveston. Legator fue organizador del programa de toxicología genética establecido por la Administración de Alimentos y Medicamentos de los Estados Unidos para analizar cómo las sustancias químicas inducen cambios genéticos y cómo desarrollar métodos para evaluarlos.

Mientras que parte de la mezcla química que hizo que el Agente Naranja sea tan tóxico, el 2,4,5-T, está ahora ampliamente prohibida, otra parte del herbicida, el 2,4-D, se está utilizando cada vez más en la agricultura de nuestros días. Mezclado con el glifosato, el compuesto químico principal en el popular herbicida Roundup de Monsanto 2,4-D es un componente clave del nuevo y omnipresente herbicida anti-malezas conocido como Enlist Duo, desarrollado por Dow AgroSciences y utilizado para fumigar las grandes granjas de cultivo de plantas de soja y maíz modificadas genéticamente ("Roundup Ready"), creadas para resistir las toxinas químicas. Es parte del esfuerzo global para hacer la agricultura más productiva y los agronegocios económicamente más eficientes. El Departamento de Agricultura de los Estados Unidos (USDA), que recientemente aprobó el Enlist Duo para su uso en los Estados Unidos, ha declarado que el uso del Enlist Duo podrá crecer entre el 300 y el 700 por ciento para el 2020.

lawsuit, ensuing media attention and the veterans' continuing struggle did result in U.S. government legislation that now mandates the Veterans Administration recognize exposure to Agent Orange as a legitimate cause for public compensation and medical treatment.

"It is a major issue. Even though we can't say definitively everything it does, what we do seem to see in man so far is frightening," says Dr. Marvin Legator, a respected genetic toxicologist and former director of the Division of Environmental Science at the University of Texas Medical Branch, Galveston. Legator was an organizer of the genetic toxicology program set by the U.S. Food and Drug Administration to analyze how chemicals induce genetic change and how to develop methods to evaluate them.

While part of the chemical mixture that made Agent Orange so toxic, 2,4,5-T, is now widely banned, another part of the herbicide, 2,4-D, is being increasingly used in agriculture today. Mixed with glyphosate, the main chemical compound in Monsanto's popular weed killer Roundup, 2,4-D is a key component in the new and ubiquitous anti-weed herbicide, known as Enlist Duo, developed by Dow AgroSciences and used to spray large farms cultivating genetically modified ("Roundup Ready") soybean and corn, which were bred to resist the chemical toxins. It is part of the global effort to make agriculture more productive and agribusiness more economically efficient. The U.S. Department of Agriculture (USDA), which recently approved Enlist Duo for use in the U.S., has stated that the use of Enlist Duo could grow from 300 to 700 percent by 2020. This herbicide is already being used in 90 countries.

As the aerial spraying of these chemicals increases across the world, debates and fierce disagreement rage over its effects on human health, soil, water and animal life. What is clear, however, is that most governments and political institutions charged with the oversight of public health once again are refusing to look seriously at the possible effects of widespread chemical use on human life and the environment. Public regulations on the application and use of these chemicals are notoriously inconsistent, lax and ineffective—if they exist at all. Medical facilities, doctors, nurses and community health workers, particularly in rural agricultural areas around the world, have little or no access to information on the symptoms of chemical

Este herbicida es utilizado, en la actualidad, en 90 países. A medida que la fumigación aérea de estos productos químicos aumenta en todo el mundo, los debates y el feroz desacuerdo encolerizan sobre sus efectos en la salud humana, en el suelo, en el agua y en la vida animal. Sin embargo, lo que sí está claro es que la mayoría de los gobiernos y las instituciones políticas encargadas de la supervisión de la salud pública una vez más rehuyeron observar seriamente los efectos posibles del uso generalizado de productos químicos en la vida humana y en el medio ambiente. Las regulaciones públicas sobre la aplicación y el uso de estos productos químicos, si existiesen, son notoriamente inconsistentes, laxas e ineficaces. Las instalaciones médicas, los médicos, las enfermeras y los trabajadores comunitarios de la salud, en las zonas rurales de todo el mundo, tienen poco o ningún acceso a la información sobre los síntomas de la intoxicación química y su tratamiento. Para las personas que viven en lugares remotos y con deriva de la fumigación aérea, no existe la educación , ni la protección pública.

Esto es lo que el gobierno y el ejército de los Estados Unidos hicieron durante años en relación con el Agente Naranja, hasta que los veteranos y sus familias, las víctimas mismas, hicieron conocer su difícil situación en la calle, a los políticos y a la conciencia pública. Su experiencia es una lección para la población de todo el mundo.

poisoning and their treatment. For people living in the range and drift of aerial spraying, there is no public education, and no public protection.

This is what the U.S. government and military did for years in relation to Agent Orange—until veterans and their families, the victims themselves, took their plight to the streets, to politicians and public consciousness. Their experience is a lesson for people across the world.

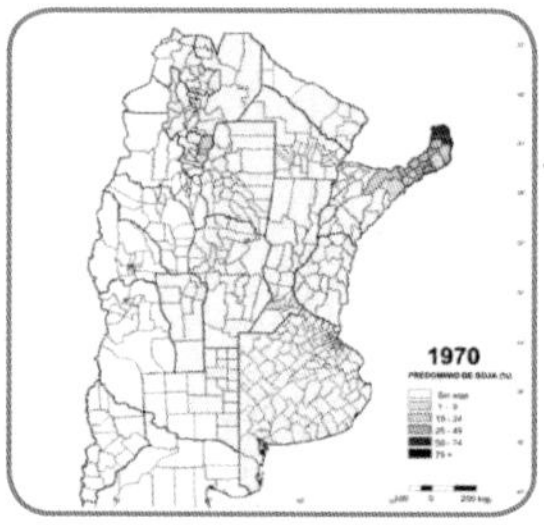

Zonas de Predominio de Soja [1]
Areas of soybean prevalence

- 0 %
- 1 – 9 %
- 10 – 24 %
- 25 – 49 %
- 50 – 74 %
- 75 – + %

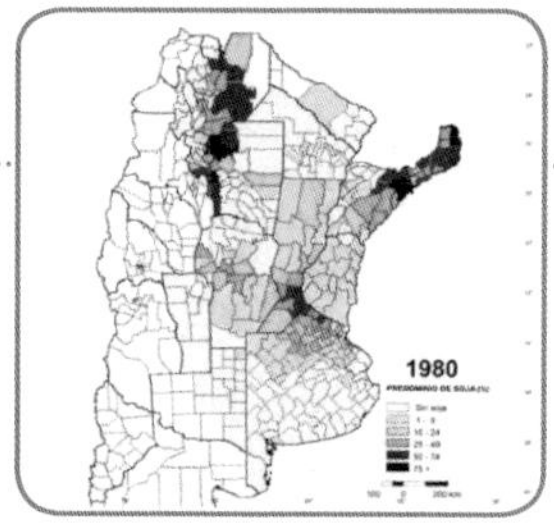

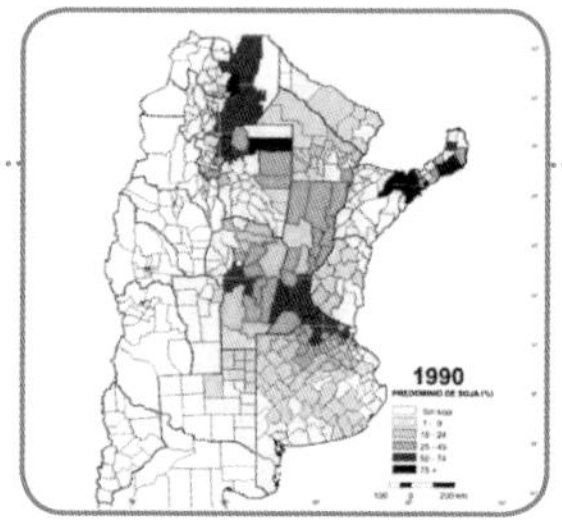

En 20 años, y tras una ordenada acumulación de eventos (la Siembra Directa, el glifosato, la Hidrovía del Paraná-Paraguay, las leyes de Arrendamiento Rural y Desregulación Portuaria, y por último la aprobación del primer OGM de Soja, RR, resistente al glifosato), la Argentina abandonó definitivamente su tradicional perfil agro-ganadero para abrazar masivamente un modelo agro-industrial de base bio-tecnológica.

In 20 years, after an organized succession of events (direct seeding, glyphosate, the Paraná-Paraguay waterway, the laws of rural leasing and port deregulation and, lastly, the authorization of the first Roundup-Ready, RR, genetically modified soybeans resistant to glyphosate) Argentina definitively abandoned its traditional agro-cattle breeder identity to firmly embrace a biotechnology-based agro-industrial model.

1990 

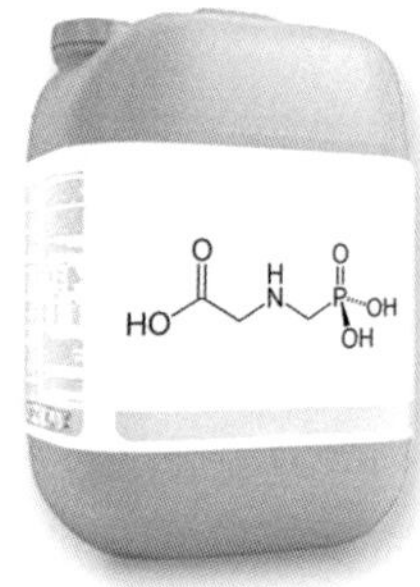

2016

Comparación del volumen de agroquímicos.
El 65 – 70% de ellos corresponde a herbicidas.
Comparison of the volume of agrochemicals.
65 – 70% of them correspond to herbicides.

8.300.000 has
Área total sembrada: soja+maíz+algodón
Total area planted: soybean+corn+cotton

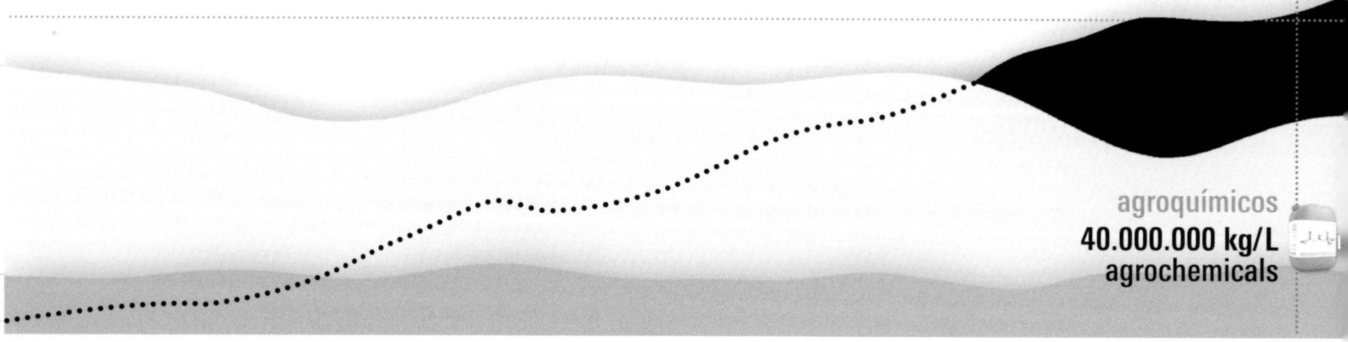

1970 — 1975 — 1980 — 1985 — 1990

- Primeras pruebas con Siembra Directa • 1975 / First tests with Direct Seeding
- Se libera el uso del Glifosato • 1978 / Glyphosate use is released
- Nueva Ley de Arrendamiento Rural • 1980 / New Rural Lease Law
- Se fundan / Founded: 1. Comité Intergubernamental de la Hidrovía Paraguay-Paraná (CIH) • 1989
- 2. AAPRESID: Asociación Argentina de Productores en Siembra Directa • 1990
- 3. CIAFA: Cámara Industrial Argentina de Fertilizantes y Agroquímicos • 1990
- Ley de desregulación portuaria • 1992 / Port deregulation law

Fuentes / Sources
1. Gráficos MAGyP (2006)
2. Bolsa de Comercio de Rosario (2017)
3. Walter Pengue (2016)
4. Argenbio (2016)
5. Ministerio de Agro Industria (oct 2016)

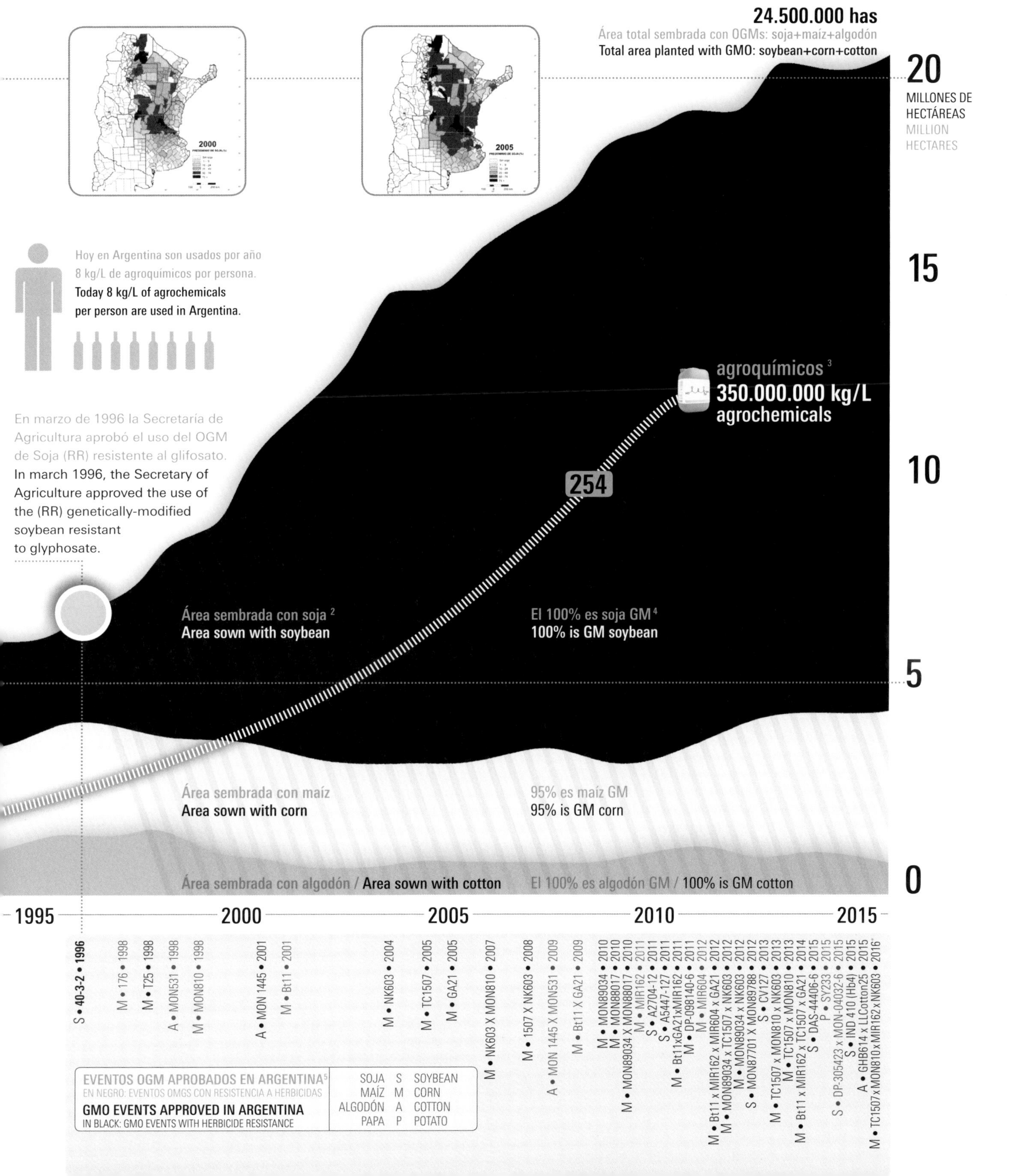
24.500.000 has
Área total sembrada con OGMs: soja+maíz+algodón
Total area planted with GMO: soybean+corn+cotton
2000
2005
20
MILLONES DE HECTÁREAS
MILLION HECTARES
15
10
5
0
Hoy en Argentina son usados por año 8 kg/L de agroquímicos por persona.
Today 8 kg/L of agrochemicals per person are used in Argentina.
En marzo de 1996 la Secretaría de Agricultura aprobó el uso del OGM de Soja (RR) resistente al glifosato.
In march 1996, the Secretary of Agriculture approved the use of the (RR) genetically-modified soybean resistant to glyphosate.
agroquímicos [3]
350.000.000 kg/L
agrochemicals
254
Área sembrada con soja [2]
Area sown with soybean
El 100% es soja GM [4]
100% is GM soybean
Área sembrada con maíz
Area sown with corn
95% es maíz GM
95% is GM corn
Área sembrada con algodón / Area sown with cotton
El 100% es algodón GM / 100% is GM cotton
1995
2000
2005
2010
2015
S • 40-3-2 • 1996
M • 176 • 1998
M • T25 • 1998
A • MON531 • 1998
M • MON810 • 1998
A • MON 1445 • 2001
M • Bt11 • 2001
M • NK603 • 2004
M • TC1507 • 2005
M • GA21 • 2005
M • NK603 X MON810 • 2007
M • 1507 X NK603 • 2008
A • MON 1445 X MON531 • 2009
M • Bt11 X GA21 • 2009
M • MON89034 • 2010
M • MON88017 • 2010
M • MON89034 X MON88017 • 2010
M • MIR162 • 2011
S • A2704-12 • 2011
S • A5447-127 • 2011
M • Bt11xGA21xMIR162 • 2011
M • DP-098140-6 • 2011
M • MIR604 • 2012
M • Bt11 x MIR162 x MIR604 x GA21 • 2012
M • MON89034 x TC1507 x NK603 • 2012
M • MON89034 x NK603 • 2012
S • MON87701 X MON89788 • 2012
S • CV127 • 2013
M • TC1507 x MON810 x NK603 • 2013
M • TC1507 x MON810 • 2013
M • Bt11 x MIR162 x TC1507 x GA21 • 2014
S • DAS-44406-6 • 2015
P • SY233 • 2015
S • DP-305423 x MON-04032-6 • 2015
S • IND 410 (Hb4) • 2015
A • GHB614 x LLCotton25 • 2015
M • TC1507xMON810xMIR162xNK603 • 2016
EVENTOS OGM APROBADOS EN ARGENTINA [5]
EN NEGRO: EVENTOS OMGS CON RESISTENCIA A HERBICIDAS
GMO EVENTS APPROVED IN ARGENTINA
IN BLACK: GMO EVENTS WITH HERBICIDE RESISTANCE
SOJA S SOYBEAN
MAÍZ M CORN
ALGODÓN A COTTON
PAPA P POTATO

BIOGRAFÍAS
BIOGRAPHIES

Darío Aranda es periodista especializado en extractivismo. Autor de los libros *Terra arrasada* y *Argentina Originaria*. Darío Aranda is a journalist specialized in extractivism. Author of the books *Tierra arrasada (Devastated Land)* and *Argentina Originaria (Native to Argentina)*.

Hernán Cardinale es editor y artista gráfico. Dirige mónadanómada ediciones y co-edita la publicación *Arte Urgente*. Sus textos tratan sobre memoria e historia en relación a los DD.HH. en Argentina, luchas emancipatorias, autogestión y cooperativismo. Desde 2013 forma parte de la Cátedra Libre de Soberanía Alimentaria (UBA-Fac. Medicina). Hernán Cardinale is an editor and graphic artist. He is the director of mónadanómada Ediciones (mónadanómada Editions) and co-publishes *Arte Urgente (Urgent Art)*. His texts deal with memory and history in relation to human rights in Argentina, emancipatory struggles, self-management and cooperativism. Since 2013 he has been a part of the Cátedra Libre de soberanía alimentaria (Free Chair of Food Sovereignty) (UBA-Fac. Medicina).

Patricio Eleisegui es escritor y periodista, publicó las investigaciones *Envenenados* y *Fruto de la Desgracia* sobre la contaminación con pesticidas en Argentina. Es productor de dos documentales sobre la misma problemática. Patricio Eleisegui is a writer and journalist, and author of *Envenenados (Poisoned)* and *Fruto de la Desgracia (Fruits of Misfortune)*, research into the pesticide contamination in Argentina, and is producer of two documentary films about the subject.

Damián Marino es doctor en Ciencias Exactas, Profesor de la Facultad de Ciencias Exactas e Investigador del CONICET, Consejo Nacional de Investigaciones Científicas y Técnicas (Argentina). Damián Marino has a PhD in Natural Sciences, Natural Sciences Faculty Professor and Researcher at CONICET, (The National Scientific and Technical Research Council (Argentina).

Pablo E. Piovano trabaja como fotógrafo documental desde los 18 años. Se especializa en temas de medio-ambiente y derechos humanos. Ha sido ganador de múltiples premios internacionales como el de la Fundación Manuel Rivera Ortiz y el premio Fundación Philip Jones Griffiths. Su trabajo se expuso en museos, galerías e importantes festivales de Francia, Italia, Alemania, España, Holanda, Finlandia, Mexico y Argentina. Pablo E. Piovano has been working as documentary photographer since the age of 18. He specializes in environmental and human rights issues. He has won multiple international prizes, including the Fundación Manuel Rivera Ortiz (Manuel Rivera Ortiz Foundation) and the Philip Jones Griffith Foundation Prizes. His work has been exhibited in museums, galleries and major festivals in France, Italy, Germany, Spain, Holland, Finland, Mexico and Argentina.

Carlos Rodríguez es periodista desde 1969 especializado en DD.HH. Colaboró en publicaciones de *Madres de Plaza de Mayo y el Servicio Paz y Justicia*. Desde 1987 es redactor del diario *Página 12*. Carlos Rodríguez has been a journalist since 1969 and specializes in human rights. He collaborated in publications of *Madres de Plaza de Mayo y el Servicio Paz y Justicia (Mothers of Plaza de Mayo and the Peace and Justice Service)*. Since 1987, he has been editor of the newspaper *Página 12*.

Guillermo Saccomanno. Publicó, entre otros libros de ficción, *Bajo bandera*, *Animales domésticos*, *La indiferencia del mundo*. Obtuvo, múltiples reconocimientos: Premio Revista Crisis de Narrativa Latinoamericana, Premio Club de los XIII, Premio Nacional de Novela. Sus relatos fueron adaptados al cine y traducidos a diversos idiomas. Guillermo Saccomanno. He published, among other books, *Bajo bandera (Under flag)*, *Animales domésticos (Domestic animals)* and *La indiferencia del mundo (The indifference of the world)*. He has received multiple awards, including Premio Revista Crisis de Narrativa Latinoamericana (the Crisis of Latin American Narrative Prize), Premio Club de los XIII (the XIII Club Prize) and Premio Nacional de Novela (the National Novel Prize). His stories were adapted for the cinema and translated into several languages.

Carmen Vicente es heredera de un linaje espiritual tradicional y portadora del sagrado arte de los altares. Dedicó parte de su vida al teatro, a la vez que desarrolló un importante trabajo de recuperación artesanal con organizaciones de mujeres en sectores marginales de su país. A la fecha reúne colectivos y personas para revitalizar la memoria de las culturas antiguas de la tierra y renovar la conciencia de la relación del espíritu y la vida a través del arte como origen. Carmen Vicente is heiress of a traditional spiritual lineage and bearer of the sacred art of the altars. She devoted part of her life to the theater while developing an important work of art recovery with women's organizations in the marginal sectors of her country. To date she gathers groups of people to revitalize the memory of the ancient cultures of the earth and to renew the awareness of the relationship of spirit and life through art as origin.

Wendy Watriss es una periodista, escritora y fotógrafa que ha trabajado para los principales medios de comunicación en todo el mundo. Es conocida por su innovador y ampliamente publicado trabajo sobre la destrucción de la tierra y el Agente Naranja herbicida. Ella es la cofundadora y curadora senior de la organización internacionalmente conocida de artes fotográficos FotoFest International que tiene su sede en Houston, Texas, EE.UU. Wendy Watriss is a journalist, writer and photographer who has worked for leading media around the world. She is known for her innovative and widely published work on the destruction of land and on the herbicide Agent Orange. She is the co-founder and senior curator of the internationally-known photographic arts organization, FotoFest International. She is based in Houston, Texas, USA.

Jan-Christoph Wiechmann es padre de tres hijos, escritor de *Stern* (Alemania), actualmente es corresponsal en América Latina. Escribe sobre temas sociales, políticos, medio ambiente. Ganador de los premios Henri Nannen-Preis, Egon-Erwin-Kisch-Preis, Hansel-Mieth-Preis. Vive en Rio de Janeiro y Berlin. Jan-Christoph Wiechmann, father of three children and writer for *Stern* (Germany), is currently a correspondent in Latin America. He writes about social, political and environmental issues. He is winner of the Henri Nannen-Preis, Egon-Erwin-Kisch-Preis and Hansel-Mieth-Preis, and lives in Rio de Janeiro and Berlin.

DEDICATORIA Y AGRADECIMIENTOS
DEDICATION AND ACKNOWLEDGMENTS

A mi madre Ofelia por su lucha inclaudicable y milagrera.
A mi padre Juan por la estrella y la sangre
mezclada de musas y bohemia.
To my mother Ofelia for her ceaseless and miraculous struggle.
To my father Juan for the star and the blood
mixed with muses and bohemia.

Agradecimientos / Gratitude

A Fabián Tomasi por su íntima amistad y su ejemplo. A Nadia y Bety. A todos los afectados que abrieron las puertas de su casa. A los médicos, científicos y abogados que luchan por la verdad, la dignidad y la justicia. A todas las madres del barrio "Ituzaingó". To Fabián Tomasi for his intimate friendship and immeasurable example. To Nadia and Bety. To all the affected ones who opened the doors of their houses. To the medical doctors and scientists and lawyers who fight for truth, dignity and justice. To all the mothers of the neighborhood of Ituzaingó.

A Maia, mi compañera, por la música de todos los días. A Claudia Cuevas, vecina inmejorable, madre de mis plantas y mi perro. A Malena por su verdadero apoyo y el tejido eterno de la hermandad. To Maia, my partner, for the everyday music. To Claudia Cuevas, my most excellent neighbor, mother of my plants and my dog. To Malena for her true support and her eternal brotherhood ties.

A Marcos Adandia, hermano, amigo y padre del camino, curandero de este libro. A Klaus Kehrer por aventurarse conmigo en este proyecto. A Anja Aronska, Darío Aranda, Patricio Eleisegui, Damián Marino, Carlos Rodríguez, Guillermo Saccomanno, Carmen Vicente, Wendy Watriss, Jan-Christoph Wiechmann, Hernan Cardinale, Diana Grassi y Diego Martínez por el valioso y enriquecedor aporte para este libro. To Marcos Adandia for being a curator of this book and for his victorious example of good dreaming and good living. To Klaus Kehrer for venturing with me in this project. To Anja Aronska, Darío Aranda, Patricio Eleisegui, Damián Marino, Carlos Rodríguez, Guillermo Saccomanno, Carmen Vicente, Wendy Watriss, Jan-Christoph Wiechmann and Hernán Cardinale for their valuable and enriching contribution to this book.

Un agradecimiento especial para Florencia Guzzetti, Arturo Avellaneda, Nicolas Havette, Laura Covelli, Florencia Santucho y Darío Ávila. My special gratitude to Florencia Guzzetti, Arturo Avellaneda, Nicolas Havette, Laura Covelli, Florencia Santucho and Darío Ávila.

A mis compañeros del diario *Página 12* y de la Asociación de Reporteros Gráficos de la República Argentina (ARGRA). To my colleagues at the newspaper *Página 12* and the Association of Graphic Reporters (ARGRA).

A / To Osvaldo Bayer, Carlos Bosh, Miguel Acevedo Riu, Oscar Smoje, Marcos Lopez, Res, Hernan Zenteno, Cézaro de Luca, Gerardo Del Oro, Mauricio Centurion, Pablo Merlo, Wimpy Salgado, Gustavo Pascaner, Francisco Rampini, Florencia Martín, Paloma Garcia, Silvia Dabul, Fernanda Sandez, Flavia Scalzi, Giancarlo Ceraudo, Toto y Gina, Annalisa D'Angelo, Cristina Vatielli, Valeria Fornarelli, Aldo Feroce, Marco Pina, Alberto Prina, Aldo Mendichi, Enrico Stefanelli, Tania Castro, Sanni Seppo, Gisela Kayser, Carol Körting, Asunción Molinos Gordo, Luis Catalá, Mercedes Ibaibarriaga, Pablo Berra, Corinne Fankhauser, Valeria Cirillo, Paula Luttringer, Caroline Anne Desplanques, Adriana Zehbrauskas, Daniel Sosa, Rolf Nobel, Sinara Sandri, Marie Ellen Mark.

A María Ramos Guerrero y Gerardo Sanchez "el Puchunito". To Maria Ramos Guerrero and Gerardo "El Puchunito" Sanchez.

Al / To Dr. Damian Verzeñassi, Dr. Daniel Verzeñassi, Dr. Medardo Ávila Vázquez, Dra. María Seveso, Dr. Lescano, Dra. Lilian David, Alejandra Gomez, Fernando Cabaleiro, Chuzo Gonzalez Quintana, Marcos Ezequiel Filardi, Marcelo Sosa, Andrea Kloster, Meche Mendez, Ana Zabaloy, Carla Capitani, Paola Oyuela, Mauricio Aguirre, Sergio Gauna, Carmen Bouguel, Ruben Duran.

A las fundaciones Manuel Rivera Ortiz, Philip Jones Griffiths y Gabriel García Márquez por su imprescindible apoyo. To the Manuel Rivera Ortiz Foundation, the Philip Jones Griffiths Foundation, Fundación Gabriel García Márquez and Médicos del Mundo for their indispensable support.

Al Festival Internacional de la Imagen (Pachuca, México), Festival de la Fotografía Ética (Lodi, Italia), Photolux Festival (Lucca, Italia), Photon Festival (Valencia, España), Lumix Festival for Young Photojournalism (Hannover, Alemania), Biennal de Fotografía Xavier Miserachs (Catalunya, España), Festfoto (Porto Alegre, Brasil), FINCA Festival Internacional de Cine Ambiental (Buenos Aires), Festival de la Fotografía Política (Helsinki, Finlandia) y a Médicos del Mundo, que visibilizaron este trabajo. To the International Festival of the Image (Mexico), Festival of Ethical Photography (Lodi), Photolux Festival (Lucca), Photon Festival (Valencia), Lumix Festival for Young Photojournalism (Hannover), Xavier Miserachs Photography Biennial (Catalunya), Porto Alegre Festfoto, FINCA International Environmental Film Festival (Buenos Aires), Festival of Political Photography (Helsinki) and Médicos del Mundo for making this work visible.

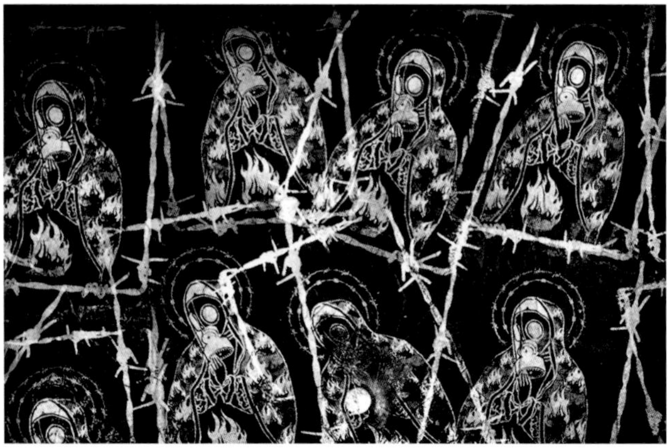

Textos / Texts:
Darío Aranda, Patricio Eleisegui, Damián Marino,
Pablo E. Piovano, Carlos Rodríguez,
Guillermo Saccomanno, Carmen Vicente,
Wendy Watriss, Jan-Christoph Wiechmann

Traducción / Translation:
Diana Grassi

Corrección de estilo / Proofreading:
Tom Grace

Diseño gráfico / Design:
Kehrer Design Heidelberg (Anja Aronska)

Edición de imagen / Image editing:
Marcos Adandia, Pablo E. Piovano

Retoque de imagen / Image Processing:
Cristina Vatielli, Kehrer Design Heidelberg (Erik Clewe)

Producción / Production:
Kehrer Design Heidelberg (Silke Küpperscheeg)

Apoyado por Freundeskreis Willy-Brandt-Haus /
Supported by Freundeskreis Willy-Brandt-Haus

Printed and bound in Germany
ISBN 978-3-86828-767-7

Kehrer Heidelberg Berlin
www.kehrerverlag.com

14/09/2015,
Malvinas Argentinas, Cordoba.
09/14/2015,
Malvinas Argentinas, Cordoba province.